BIODIVERSITY
PROTECTION
FOR
THE VIBRANT EARTH

守望家园

生物多样性保护我们在行动

吴晓民 李佩韦 王静 刘春池 著

陕西新华出版传媒集团
陕西科学技术出版社
——西安——

图书在版编目（CIP）数据

守望家园：生物多样性保护我们在行动 / 吴晓民等著 .—西安：陕西科学技术出版社，2022.9
ISBN 978-7-5369-8444-8

Ⅰ.①守... Ⅱ.①吴... Ⅲ.①生物多样性－生物资源保护－普及读物 Ⅳ.①X176-49

中国版本图书馆 CIP 数据核字（2022）第 078574 号

守望家园——生物多样性保护我们在行动

吴晓民　李佩韦　王静　刘春池　**著**

出 版 人　崔　斌
策划编辑　赵文欣
责任编辑　赵文欣
封面设计　一　鸣

出 版 者　陕西新华出版传媒集团　陕西科学技术出版社
西安市曲江新区登高路 1388 号陕西新华出版传媒产业大厦 B 座
电话（029）81205187　传真（029）81205155　邮编 710061
http://www.snstp.com
发 行 者　陕西新华出版传媒集团　陕西科学技术出版社
电话（029）81205180 81205192
印　　刷　陕西金和印务有限公司
规　　格　720mm×1000mm　16 开本
印　　张　16.5
字　　数　150 千字
版　　次　2022 年 9 月第 1 版
印　　次　2022 年 9 月第 1 次印刷
书　　号　ISBN 978-7-5369-8444-8
定　　价　88.00 元

序 PREFACE

近现代以来，随着活动范围的不断扩大和活动强度的增加，人类社会共同面临着一些紧迫的生态环境危机问题，其中，生物多样性丧失是最重、最大的危机。

在这种情况下，世界各国的科学家们采取了诸多实际行动，做了许多有益于保护生物多样性的探索与尝试。1992 年 6 月，联合国通过了《生物多样性公约》，至今，加入该公约的缔约方已达 196 个。

为什么会有如此多的国家加入该公约？这与人类社会的进步有关。全球各国共同认识到，生物多样性是人类生存和发展的重要保障之一，诚如《里约环境与发展宣言》中所言：“（保护生物多样性）以便取得持续发展和保证人人有一个更美好的未来。”

我国不但是加入《生物多样性公约》的最早缔约方之一，

而且在 1994 年 6 月发布了《中国生物多样性保护行动计划》，从国家战略层面对保护生物多样性做出了部署。《中国生物多样性保护行动计划》的实施，既促进了我国生物多样性保护工作的有效开展，也成为“生态文明建设”“美丽中国建设”的重要部分。

从宏观层面讲，保护生物多样性包括栖地还原、防止都市发展影响栖地、建立财产所有权、限制畜牧及农业活动侵略、减少火耕农业、立法制止采集或猎杀、限制杀虫剂使用，以及控制其他环境污染等；从微观层面讲，它包括人类衣食住行中的每一个微小细节。也许，作为个体，一个对生态环境造成潜在污染或破坏的小小举动（比如随手丢弃垃圾等），就会对生物多样性构成危害。

但是，很多人未必知道，保护生物多样性和每个人息息相关，不能仅仅把它视为一个高高在上的宏大科学或学术问题。保护生物多样性，不但是国家的事情，也事关个体。那么，提高公众保护生物多样性的意识，提高社会大众的参与度，这本科普读物《守望家园——生物多样性保护我们在行动》，或许是一个很好的媒介，它化学术为常识，化理论为通俗，传播保护生物多样性的价值和意义。

2020 年 9 月 30 日，习近平主席在联合国生物多样性峰会上通过视频发表重要讲话时，引用了唐代刘禹锡《唐故监察御史赠尚书右仆射王公神道碑》中的一句名言：“山积而高，泽积而长。”

如何实现“山积而高，泽积而长”？容我引用荀子《劝学》中的一段话，作为回答——“积土成山，风雨兴焉；积水成渊，蛟龙生焉；积善成德，而神明自得，圣心备焉。故不积跬步，无以至千里；不积小流，无以成江海”。保护生物多样性是一件任重而道远的事情，需要每个个体从自我做起，积极参与、身心投入。

守望家园——生物多样性保护我们在行动！

愿与诸君共勉！

前　言 FOREWORD

地球上的万物都起源于原始海洋，历经了亿万年的进化，才共同组成了现在这个五彩斑斓的世界。这里是人类赖以生存的家园，是我们祖祖辈辈生活的地方。这里有高山、森林、草原，有海洋、河流、湖泊、湿地、大漠、戈壁，还有翱翔的雄鹰、驰骋的骏马……这些生命体及它们生活的环境的多样性程度被定义为生物多样性。我们与地球上所有的生命体一起，同呼吸，共命运。

但是，由于人类对自然资源的过度开发和利用，若干年来，丰富的生物资源已受到严重威胁，许多物种正在变成濒危物种。据估计，地球上 170 多万个已被鉴定的物种中，目前正以每年近 9000 种的速度消失着。生物多样性资源的匮乏必然导致生态系统调节失衡，物质能量循环过程受阻，进而造成人类生存环境及全球气候剧烈变化，并最终成为人类与自然和谐共生及可持续发展的制约因素。

1992年6月在巴西里约热内卢召开的联合国环境与发展会议上，包括中国在内的153个缔约方在《生物多样性公约》上签字，从而使保护生物多样性成为世界范围内的联合行动。这是一份有法律约束力的公约，其目标是制定保护和可持续利用生物多样性的国家战略，旨在保护濒临灭绝的生物，最大限度地保护地球上多种多样的生物资源，以造福当代和子孙后代。目前，加入该公约的缔约方已达196个。

近30年来，生物多样性保护一直被看作是自然保护者的责任，由于大多数行业外人士对生物多样性的认知不足，曾发生过一些由于决策或做法错误导致生态环境被破坏的案例。因此，从个人到社区、从企业到国家，如果对生物多样性以及如何保护生物多样性等方面的知识有所了解，并培养绿色环保的观念、行为，对于实现人与自然和谐共生的愿景将大有裨益。

《守望家园——生物多样性保护我们在行动》是针对非专业读者编写的一部科普读物，旨在提高公众保护生物多样性的意识，提高社会大众的参与度。通过全球不断变化的自然环境、生物生存现状去思考人类活动对于环境及自然的影响，并从生物多样性的角度去寻找解决方案。全书向读者展示了生物多样性对人类可持续发展的重要意义，同时呼吁社会大众要从自身生活及观念出发，身体力行做到保护生物多样性，保护我们赖以生存的生态环境。本书分为两篇，上篇从物种起源、演化的角度介绍了什么是生物多样性，以及生物多样性与生态平衡、人类生活的关系；下篇通过具体事例进行分析，讲述全球范围内政府机构、科研院所、非政府组织（NGO）及社区群众开展的生物多样性保护行动，这些都将为未来的生物多样性保护行动提供实践经验并激发新的思路。

我们只有一个家园，我们不忍看到那一个个充满活力、独一无二的朋友们最终只能成为一张张照片停留在我们有限的记忆中。守望相助，让每一个生命都不孤立无援；保护生物多样性，还地球一个生机盎然的明天。

目录 CONTENTS

上篇　浅谈“生物多样性”

第一章　朝夕相伴的众生
——异彩纷呈的自然界

第二章　生命历史的赞歌
——演替变化的生物圈

下篇　生物多样性保护我们在行动

上篇

浅谈“生物多样性”

生物多样性是生物及其环境形成的生态复合体以及与此相关的各种生态过程的综合，包括动物、植物、微生物和它们所拥有的遗传信息，以及它们与其生存环境形成的复杂的生态系统。它们彼此之间相互联系、相互影响，在地球生态系统中分饰角色。如今，我们提出了构建人类命运共同体的倡议，保护生物多样性就是保护现有的生态环境资源，它是生态文明建设的重要组成部分。

第一章　朝夕相伴的众生

——异彩纷呈的自然界

人一生中总会遇到形形色色的生命个体，我们将其统称为生物。它们可能是美丽的花朵、可爱的动物，也可能是引起人体罹患各种疾病的细菌或病毒。正是它们的出现，为人类提供了多种多样的资源，丰富了人们的生活，有的甚至丰富了人们的情感体验，也满足了人们成长过程中的知识积累与对世界的认知和探索。

一切从吃说起

生物多样性对人类有多重要？仅以那些令我们垂涎欲滴的美食为例，就有说不完的话题。

说到吃，中国的美食名副其实地成为最受欢迎的“国家符号”。火遍全球的纪录片《舌尖上的中国》里，形态各异的食材就是大自然对我们的馈赠：个头极小的银针鱼，袖珍的藏香猪，珍稀名贵的松茸菌，黑土地盛产的东北大米，还有号称“小人参”的潍县青萝卜、粤港澳的黄油蟹……正是这些丰富的自然资源，满足

舌尖上的中国（王静 制图）

了我们的味蕾。

从古至今，由蛮荒未化到现代文明，人类从山川河流中源源不断地获取植物、动物及微生物，用以满足食物、药材、服装、住所等生活所需。人类世代靠山吃山、靠水吃水，即便到了现代社会，人们仍然直接或间接地接受着大自然的恩赐：那些用羊毛制成的轻便保暖外套，借传粉昆虫增产收获的瓜果、粮食，以真菌、酵母菌生产的面包、饲料和酒精，还有依赖植被和沙砾净化的水，都是大自然对人类无私的赠予，处处彰显着人类与自然界多种多样的生物之间密不可分的关系。

人类生活与大自然（王静 制图）

人们将描述自然界生物的丰富程度称为生物多样性。那么，生物多样性究竟是什么？

简单地说，生物多样性就是一个地方有种类丰富的生物，并且由这些种类繁多的生物共同构成了一个极为庞杂的系统，这里存在着捕食与被捕食的残酷，同时也萌发了互利共生的友好。生物在这个系统中出生和死亡，它们既是掠食者，也是猎物：生物的排泄物与死去个体的残骸成为系统中微小生物的餐食，而经这些微生物的“肠胃”加工排出的物质又再次回到养育它们的大地中，滋养着植物的成长，植物长出的枝芽、花果、根茎成为人类和其他生物的食物，生物在这个巨大而复杂的食物网中彼此联系、相互依存。

生物循环示意图

目前，关于生物多样性的定义，学术界比较认同的是：生物多样性就是生物及其环境形成的生态复合体，以及与此相关的各种生态过程的综合，包括动物、植物、微生物和它们所拥有的基因，以及它们与其生存环境形成的复杂的生态系统。这一概念不仅对生物多样性的3个层次，即物种多样性、遗传多样性和生态系统多样性给出了全面而系统的总结，也道出了世间万物纷繁复杂的相互关系。

为了更清楚地了解丰富的生物，就让我们从身边去发现它们，去细细品味它们对人类、对保护地球环境的意义。

行动的动物

通过对早期生命踪迹的追寻，人们发现，在古生代早期，一些低等动物就已经出现了，其中最著名的就是三叶虫。截至目前，地球上现有动物800多万种。上至空中展翅的飞禽，下到四足奔腾的猛兽，深至海底那些发光的水生物，就连陆地上微不足道的小蚂蚁，都有它们自己专属的领地。这些动物与人类生活在同一个地球上，按时间推演，它们其中的一些成员可能比人类诞生得还要早，是人类的“前辈”或者“前前辈”了。

早在远古时期，人类就学会了与动物们“相处”，其中最直接的方式就是猎食。回顾人类发展的历史，狩猎活动是人类早期最重要和最主要的谋生手段。随着狩猎技术的日益娴熟，人类将一时吃不完的动物关起来，悉心喂养，这些动物还生下了幼崽。幼崽从小开始与人接触，性情变得温和，逐渐被人们驯化，其中猪、羊成为人类的主要肉食来源，牛、马、驴成为人类的劳动工具，而猫、狗则成为人类的抓捕助手和看家护院的“忠仆”——这大概就是宠物最早的由来了。人类不仅从丰富的动物资源中获取了食物，还从中得到了不少启发，很多科技发明的灵感都来源于这些生活在人类身边的“邻居”们。

譬如，蝙蝠的超声波定位技术被用于雷达设计，水母的荧光蛋白生物发光技术则在生命科学领域被用作可识别标记，还有模仿螳螂臂设计的大型挖掘机……这些“拿来主义”的例子不胜枚举。

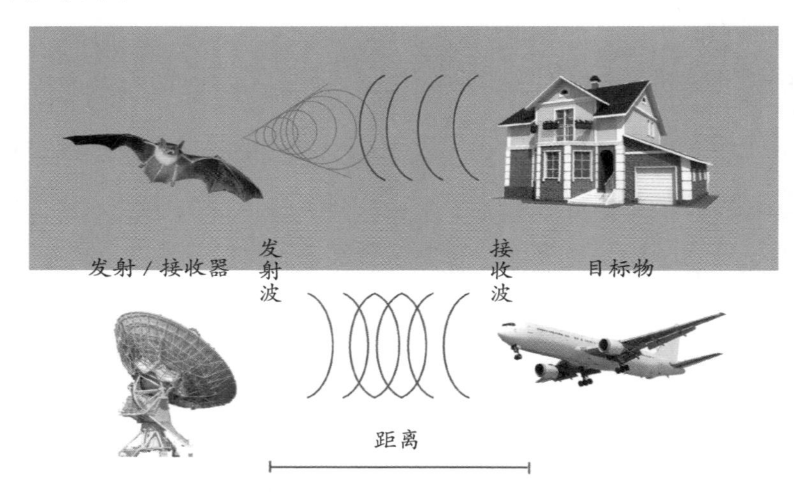

蝙蝠与超声波定位技术（王静 制图）

水母与荧光蛋白生物发光技术（王静 制图）

很多动物似乎天生就是美学大师。例如，在一些动物角质体或有甲类的软体动物身上常见有天然的“黄金螺线”。人类想要做出这精美的线条需得大费周章——首先，得在黄金矩形（长宽比约为 1.618 的矩形）里靠着三边做成 1 个正方形，剩下的部分又是 1 个黄金矩形，依次做出数个正方形；然后，将这些正方形的一对角按顺序连接起来，得到一条完美的曲线。而鹦鹉螺却不费吹灰之力就能拥有这条“黄金螺线”，从而在螺壳的纵剖面上呈现出完美的曲线。

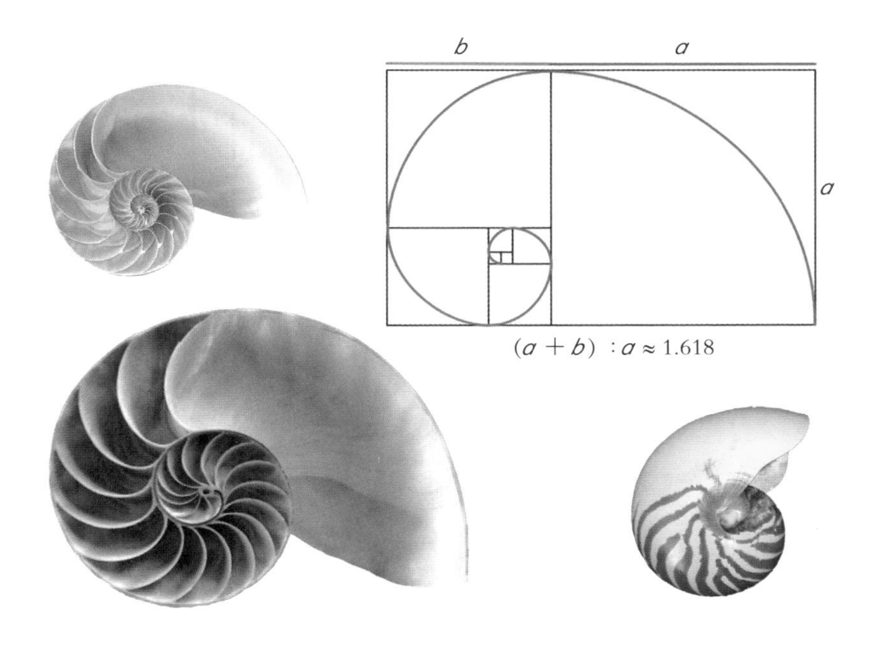

鹦鹉螺与“黄金螺线”

比起鹦鹉螺，蜜蜂算得上是动物界的“数学天才”和“建筑大师”。蜜蜂的蜂巢是由正六棱柱状的蜂房组成，每个蜂房的顶部都是开口的正六边形，蜂房封闭的底部不是平的，而是由 3 个全等的菱形拼成的“尖底”，每个菱形的钝角为 109° 28'，锐角为 70° 32'。数学家计算之后得出结论，在保证稳定的前提下，蜜蜂建造这样的蜂房是最经济、所需材料最少、可用空间最大的，也就是说，它们用最少的蜂蜡构筑出最宽敞的蜂房。

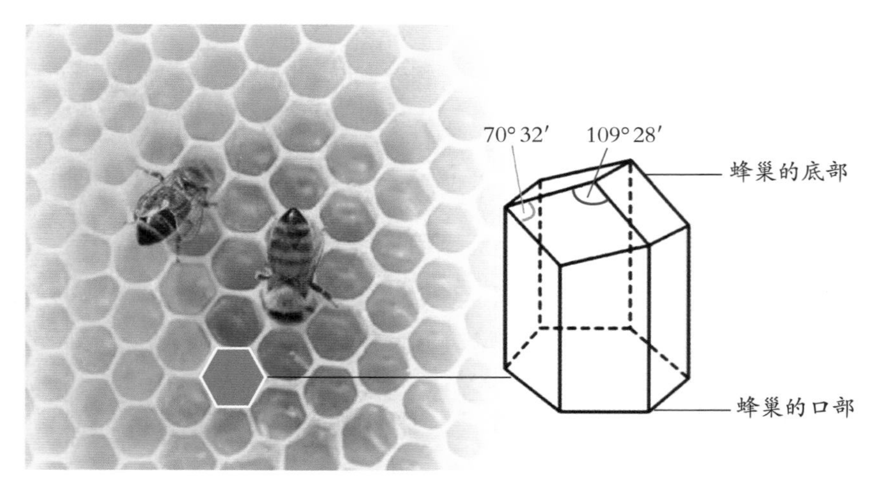

蜜蜂和蜂巢（王静 制图）

这些动物的智慧行为给人类带来启发，并从中受益匪浅，更令我们不得不感慨大自然的神奇魅力。

原地待命的植物

说起植物，它们比动物更早诞生在地球上。迄今为止，人们已知的植物有374262种，这个确切的数字来自一份英国皇家植物园关于世界植物状况的最新报告，数字包括的所有植物都是已经被描述、鉴定并命名的植物种类。目前仅中国记录的植物就有大约35000种，其物种数量约占全球已知植物种类的近1/10。科学家们通过特定的数理统计模型估算，全球理论上存在的植物应该有45万种。这和目前我们已知的植物种类总数相差甚远，也意味着今后我们将有发现七八万种未知植物的可能。

植物与人类社会的衣食住行从来都如影随形，植物不仅为人类提供了丰富的食物、营养物质、药品，还有燃料、工业原料（如造纸、各种提取物等）、建筑材料，甚至连人类的呼吸也离不开植物——植物吸收大地的养分、太阳的光辉、环境中的二氧化碳，再经光合作用制造出氧气。总之，人类离开植物就无法生存。

人类从远古时期就从自然界的植物中获取食物——采集果实，挖掘根茎，甚至植物可食部分的枝叶也被制作成美食。有些吃不完被贮存下来的种子、果实、根茎等意外地发芽了，原始人发现它们能长出新的食物，于是有了种植，也由此开始了人类的定居生活。

植物不仅是人类食物的主要供给方，也为人类提供遮体之物。人们在饱腹问题得到解决后，还要思考如何穿暖，于是人类利用植物的纤维制成布匹，再做成衣服。物质的满足带来了精神的享受，对美的追求使人类对色彩有了执念。正如《孟子·告子上》中“食色，性也”的解读，人类从植物中找到天然的染料，变化着各种花色奔赴感官的艺术享受。例如，中草药板蓝根就成为扎染工艺中蓝色颜料的主要来源。

中草药板蓝根与扎染工艺

吃饱、穿暖的人类也离不开药物对人体健康的保驾护航。人类早就发现了植物的药用价值，并热衷于从中获益。

科学家们估算，约有 2.4 万种植物被世界各地的人们用作药品。《中药大辞典》收录的中药材中，药用植物就有 11146 种。

2015 年 10 月，屠呦呦女士有幸成为首位获得诺贝尔生理学或医学奖的中国科学家，此项殊荣是为了表彰她在中药和中西药结合研究方面所做出的杰出贡献——她发现了青蒿素并创制青蒿素和双氢青蒿素。这是一项被誉为“拯救 2 亿人口”的新发现，由此生产的新型抗疟疾药物，可以有效降低患者的死亡率。当然，人类从植物中获取健康的例子并不止于此。目前，医院治疗癌症的常规化疗药物紫杉烷类就是从紫杉类植物中（如红豆杉）分离得到的抗肿瘤活性成分。

屠呦呦　　　　青蒿

而世界上一些知名的药品制造商也在不遗余力地寻求具有医用价值的植物，并渴望从中攫取商机。1990 年，仅在美国销售的那些含有从野生植物中提取或从野生植物衍生出的成分的处方药，产值就超过了 150 亿美元。

植物，平凡而伟大，坚韧而不屈，它们虽然没有行走的能力，却有着扎根为营的本领。植物之间的较量无声而激烈，它们争夺阳光、水和土壤的养分，每一棵树、每一粒种子都要经历残酷的竞争才能存活下来。它们的繁衍为人类带来了诸多益处，为了可持续发展，我们更需确保植物被利用后的资源补偿，让它们与风、雨、阳光、动物做朋友，完成它们传播、繁衍的生命旅程，不要让它们静默地从这个星球上消失。

低调的微生物

说到消失，有些生物似乎一直消失在人们的视线中，它们微小、低调，似乎从来没有出现过。微生物，就是这种神秘的存在。

其实人类在很早以前就与这些消失在人们视线中的微生物打交道了，最初当然还是为了吃喝，酿酒就是最好的例证。

我国在原始社会时期就已经出现了酿酒技术，当时可能是由于原始人采集回来的野果吃不完，这些野果放久了就会腐烂，其含有的糖分遇到空气中或附着在果皮上的酵母菌发酵而产生了酒的成分。这种经过发酵而带有酒味的果实，成为原始时期人们喜爱的食物。人们对此发生了兴趣，逐渐掌握了酿造酒的技术，并且不断改进和完善这一工艺，就这样逐渐产生了酿酒工艺。从今天出土的大量殷商时期的酒器可以看出，我国商代时期酿酒业就已经很繁荣了。甲骨文中也有当时人们用谷物酿酒的记载。

大约在6000年前，古埃及人最先掌握了制作发酵面包的技术。最初的发酵方法可能是偶然发现的：吃剩下的麦子粥，受到空气中野生酵母菌的侵入，发酵、膨胀、变酸，再被放到加热的石头上炙烤，人们惊喜地得到了远比“烤饼”松软美味的新面食，这便是世界上最早的面包。新鲜事物的创造，有时候总是在不经意间诞生，过程堪称奇妙！

人们发现了“酒”的美妙和“发酵”食品的美味，便有意无

发酵食品和酿酒的基本原理

意地开始利用微生物发酵。后来人们还学会利用微生物制作各种发酵食品的技术，如利用乳酸菌制作酸奶和泡菜，酸奶浆稠适口，泡菜嫩脆味美，都有一种好吃的酸味（这是因为乳酸菌在没有氧气的条件下，分解糖类，产生乳酸的缘故）。虽然这些微生物一直在帮助人们，但是直到近代人们才认识到它们的存在，也知道了发酵现象是由微生物引起的。

微生物，顾名思义是所有形体微小的单细胞或个体结构简单的多细胞、甚至是无细胞结构的低等生物的总称。它们是一个庞大的生物群体，包括细菌、病毒、真菌，以及一些小型的原生生物、显微藻类等在内。微生物无处不在，却很晚才被人们认识。在显微镜发明之前，人们除了能看到东西表面的腐败现象外，对它们的具体形象无从知晓。真正“看到”微生物是缘于列文·虎克发明的显微镜，距今仅有不到400年的历史。现在，我们可以借助光学显微镜或电子显微镜对它们进行更深入的观察和探究。

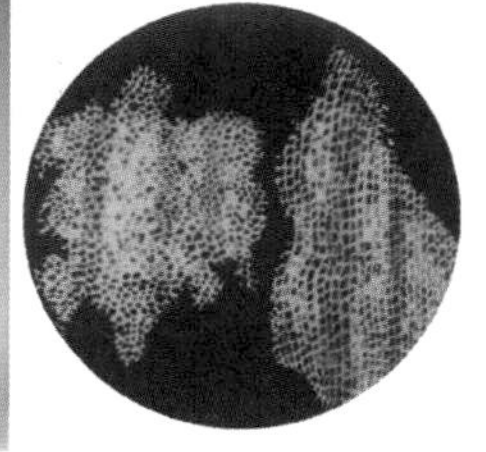

列文·虎克和他的显微世界

目前，被人类发现并已命名的微生物大约有 10 万种，而这还不到自然界微生物总数的 1%。假如我们把地球上所有的微生物都聚集起来，这些微生物将会成为地球上生物的主体，它们的数量将远超动物和植物的总和。当然，其总重量也会如此。

以我们最为熟知的人体为例，在我们每个人的体表及体内生活着数量巨大、种类繁多的微生物：

人体肠道就是微生物的聚集地，它们以细菌为主。仅一个成年人的肠道内就寄生着大量的细菌，正常人体排泄的粪便中约 1/3 都是细菌。它们种类繁多，人们根据细菌对人体的作用，将它们分为益生菌、有害菌和条件致病菌。顾名思义，益生菌是对人体健康有益的；有害菌会促使人体患病；条件致病菌通常都默默无闻，而当人体微环境发生改变时，它们则伺机而动变成危害健康的病菌。

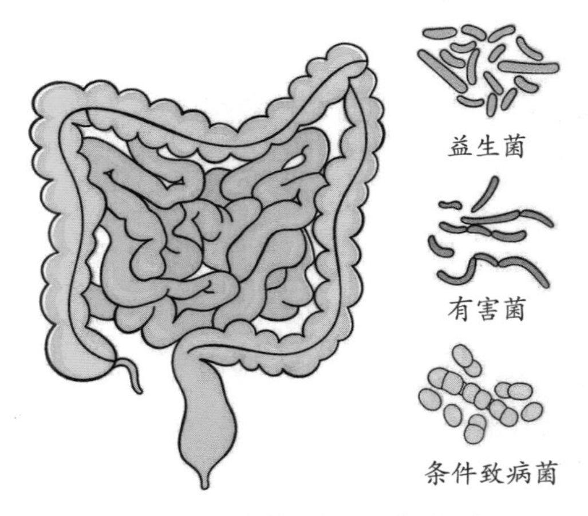

人类肠道微生物群的细菌类型

人体皮肤表面平均每平方厘米大约存在 10 万个细菌；口腔中的细菌种类也超过了 500 种；普通人打一个喷嚏，空气中的飞沫就有 4500 ~ 150000 个细菌，重感冒患者的飞沫中的细菌则能达到 8500 万个之多。

正因为有这么多的细菌生活在我们的身体里，所以，1958 年的诺贝尔生理学或医学奖获得者利德伯格把人体称为“超级生物体”。想想我们每个人的身体被这么多的小生物占据着，我们还能泰然自若，人类的确是很强大的。

微生物是我们的帮手，但是有时也能变成我们的劲敌，并在人类发展史上痛下杀手，它们制造瘟疫，对生活在不同地区的人类健康、生命产生过无数次威胁。

2020 年是惊心动魄的一年，也是全人类抗击世界性疫情不平凡的一年。在全球新冠肺炎疫情的影响下，世界经济和公共安全一度陷入危机，而引起此次大事件的始作俑者就是微生物的家族成员——新型冠状病毒（SARS-CoV-2019），这是以前从未在人体中发现的冠状病毒新毒株。这类病毒的高隐蔽性和高传染性特征至今仍令世界各国头疼不已，而病毒所具备的变异

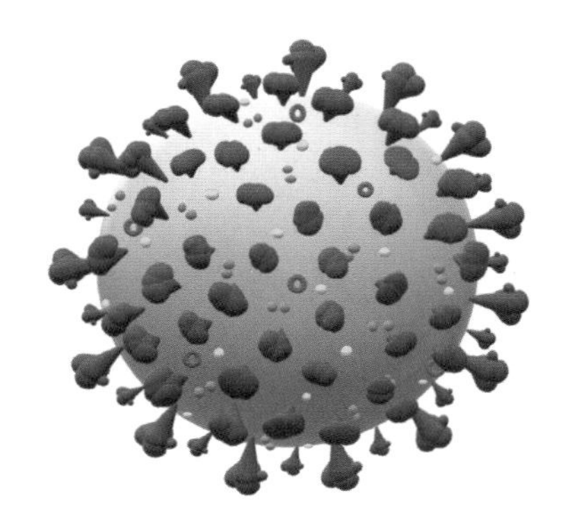

新型冠状病毒（模型）
（刘春池 绘图）

特性更是令世人提高了警惕。

然而病毒于人类并非有害无益。绝大多数病毒的攻击对象是细胞，而有一类病毒的攻击对象则是各种细菌和真菌。噬菌体就是具有这种功能的病毒，它有一种能够“吞噬”细菌的独门绝技。据统计，地球上噬菌体的种类已经超过了 1031 种。

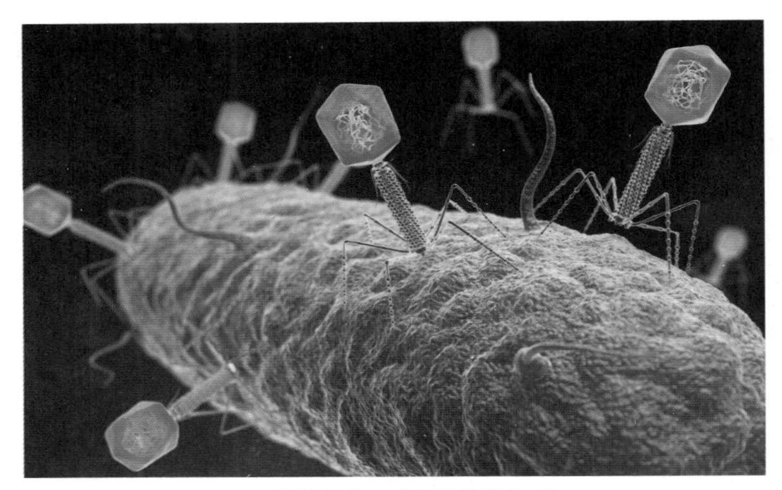

噬菌体与正被吞噬的细菌

随着人们对微生物的了解越来越多，研究越来越深入，科学家们发现，原来这些看似微不足道的小不点儿正不断地创造着奇迹！我们已经知道，地球上最早出现的就是微生物，而不是我们所熟知的那些动物和植物，人类赖以生存的地球之所以是如今这般充满生机，微生物功不可没！

第二章　生命历史的赞歌

——演替变化的生物圈

我们至今无法解释时间的起源和生命的奥义。

生命的诞生，是一个看似偶然实为必然的自然发展产物。人类对生命起源的探索，实际上与数学上的“求极限”有一些类似，通过对地质层的探索和研究，科学家将生命起源的时间一步步向前推进。目前我们所掌握的只是一种尽可能接近最原始的状态，然而谁都无法确定，这到底是不是生命最初的样子，很有可能有一些曾经存在过的古老生物已经消逝得连一点痕迹都没有留下。要知道，这些在地质层中能遗留至今并供我们探索的生物，除去外部环境变迁造成的影响，它们还必须要有坚硬的针骨、甲壳等，或是能分泌出虫管或是有支撑的茎。

那些曾经存在过的生物历经层层考验，在生存中斗争、妥协，成就了地球上数十亿年中形形色色的生命个体，它们有着或近或远的亲缘关系，并进入了一个高度复杂的、具有自我调节功能的地球生物圈①中。

---

①生物圈是指地球上所有生物与环境的总和。

生命之初

关于生命的起源，仍有很多假设和猜测。时至今日，科学的发展让我们有机会认识生命的起源，所有已知的理论都指向了原始海洋，只有在原始海洋中才有机会发生这一切，生命的迹象悄然觉醒，在海底深处孕育生命的各种元素不断积累、蓄势待发……

在距今 35 亿年的澳大利亚西部的硅质叠层石中，发现了一些类似于菌类丝状体残片的化石。这些化石中的古原核生物都是没有细胞核的单细胞生物，结构极其简单。而在格陵兰发现的 37 亿年前的锥形结构白云岩，也被认为是原核生物的杰作。后来又在格陵兰发现了 38 亿年前的条带状磁铁矿，说明那时的微生物就已经通过氧化作用开始改造环境了。经过研究者们锲而不舍的努力，近些年人们发现生命起源的纪录仍在不断刷新。研究者又根据进化分子钟[①]，将现存生命的最后共同祖先[②]生活的年代提前到了 45 亿年前。

①进化分子钟是指某一蛋白在不同物种间的取代数与所研究物种间的分歧时间接近正线性关系，进而将分子水平的这种恒速变异称为“分子钟”。

②最后共同祖先是演化生物学假设的一个生物个体，它的构造远比细菌和古菌简单。在它之前可能有许多其他生物，但只有水平迁移到最后共同祖先的基因组里的基因能够传到现代。

2017年，在加拿大魁北克地区的岩石中发现的筒状微小纤维构造被认为是最直接的生命证据。据推测，这可能是42.8亿～37.7亿年前远古海底生物的遗迹。

一直以来，人们都认为深海底部是生命的禁区，那里阴冷无光，食物来源匮乏——这种想当然的观念，被1978年“阿尔文”号（ALVIN）潜水器首次发现的一处海底热液喷口打破，这种被称作“深海烟囱”的景观颠覆了人们以往的认知。其实在地球上存在着各种不同组成和来源的热液，它们由许多化学物质构成，温度在50～400℃之间。热液依靠地球的内部能量，在黑暗的海底与海水相结合，在热液口周围形成了硫化物浓度很高的剧毒环境。这种恶劣的环境通常被认为是生命的禁区，但是，在这里有着令人惊奇的发现——热液口周围竟然是一派生机盎然的景象。

生活在热液口周围的生物中，最具代表的就是有“海底玫瑰”之称的管栖蠕虫。它们上端是一片红色肉头，下端的白色管子底部能分泌一种黏性物质，把它们自己紧紧地粘在海底热液口附近的岩石上。在这些不能随意挪动的蠕虫体内聚集着数以千亿的共生菌，正是这些微小的细菌们夜以继日、孜孜不倦地从海底热液中汲取硫离子，又从海水中获取氧原子，然后巧妙地将二者与二氧化碳结合，发生了奇妙的碳酸固定化学反应，合成了管栖蠕虫所需的有机物质。也因此，管栖蠕虫成为海底热液口周围食物链中的基础生产者。海洋学家们推断，这种生命获取能量的方式或

海底热液口和管栖蠕虫

许也是地球早期生物体获取能量的方式。

2000年，研究人员在大西洋中发现了另一种海底热液系统，为揭开生命起源之谜提供了契机。他们在那里发现了靠甲烷生活的古菌群落，而且生物种类更加多样化。

生命的开端在研究者们无尽的求知中被抽丝剥茧、追根溯源。科学家对这些细菌基因组进行测序，认定它们是一种与以往了解的生物非常不同的生命形式，这些细菌2/3的基因是过去我们所不知道的。它们是古老生命的孑遗①，同时兼具真核和原核两类生命形式的某些特征，但又有根本的区别，被认为是第三生物体。它们以化学无机自养为代谢方式，学者们称它们为“古菌”，并认为它们极有可能就是原始生命的最早出现形式。也就是说，早期生命的祖先可能就是嗜热微生物（嗜热的古细菌和甲烷菌），那么，深海热液口很有可能就是生命的起源之地。

①孑遗是指残存者。孑遗物种亦称古特有种或“残遗种”，是过去分布比较广泛，而现在仅存在于某些局限地区的古老动植物种，如新西兰的楔齿蜥，中国的银杏、水杉等。

生存与改变

2020年美国媒体报道，有新证据表明，32亿年前，地球被广阔的海洋所覆盖，根本没有陆地存在。这一消息不禁证实了研究人员多年前对地球最初形态的猜测。

已发现的古化石显示，原始的海床上曾出现过叠层石。在浅海中分布的这些叠层石上布满了菌落，太阳光透过水面照射到这些岩石上，水面降低了紫外线对这些古菌的伤害，为这些菌落创造了水下生活的安全地带。

澳大利亚西部海底的叠层石

在一段相当漫长的时间里，海洋里的古菌大部分都保持着厌氧生活的状态。忽然在某一个瞬间，有些菌落学会利用透过水面的太阳光为自己补充能量，并产生出极其微量的氧气。它们日复一日地演练新技能，逐渐在海水中形成了弱氧环境。这一不经意间改造环境的举动，给习惯厌氧生活的古菌带来了威胁。为了免受氧气毒害，有些古菌开启了自我改造模式。它们是如何做到的呢？ 2020 年初，日本科学家培养的阿斯加德古菌（Asgard）为我们揭开了谜底。

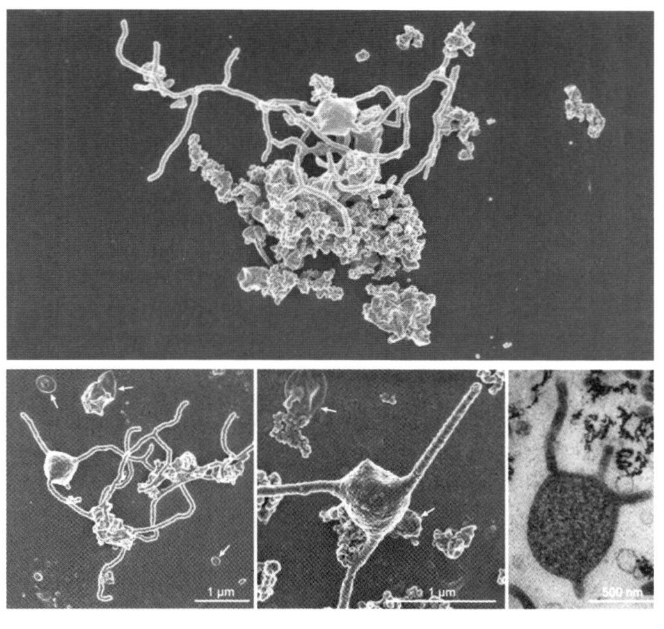

日本科学家培养的阿斯加德古菌

早在 10 年前，日本科学家们建立了流动生物反应器装置，用以培养深海沉积物中的微生物。通过模拟原始海洋，在反应器工作的 5 年内出现了一个由活跃细菌和古菌组成的高度多样化的联合体。这些古菌与一些耐氧和除氧细菌形成共生关系，它们“捆绑”在一起，搭伙过日子。古菌开始利用触手状的结构“缠绕”捕获除氧细菌，古菌的触手融合成囊泡[①]，将它们包裹在一起。作为宿主的古菌分享食物给包裹住的细菌；作为回报，细菌为古菌消耗掉氧气。双赢的合作方式让它们彼此难舍难分，最终，细菌在此过程中与古菌达成“世代交好”的相处模式，成为被古菌永久吞噬的对象，并最终演变成细胞内的结构，形成独立的功能单元。

这一吞噬行为意义重大，为将来形成复杂的生命个体提供了可行的集成合体方式，解锁了更多利于生存发展的功能，为原始细胞开启了各司其职的复杂合作体系，并由此引发了原核生物[②]向真核生物[③]演化的重要转变。

原始的真核生物更像是一种可以呼吸氧气的古菌与细菌的

---

①囊泡是某些两亲分子，如许多天然合成的表面活性剂及不能简单缔合成胶团的磷脂，分散于水中时会自发形成一类具有封闭双层结构的分子有序组合体，也称为脂质体。

②原核生物是指一类细胞核无核膜包裹，只存在被称作核区的裸露 DNA 的原始单细胞生物，包括细菌、放线菌、立克次氏体、衣原体、支原体、蓝细菌和古细菌等。它们都是单细胞原核生物，结构简单，个体微小，一般为 1 ~ 10 微米，仅为真核细胞的 1/10000 ~ 1/10。

③真核生物是指由真核细胞构成的生物，包括原生生物界、真菌界、植物界和动物界。真核生物是所有单细胞或多细胞的、其细胞具有细胞核的生物的总称，包括所有动物、植物、真菌和其他具有由膜包裹着的复杂亚细胞结构的生物。

“杂合体”，含有单个或多个可以提供能量的细胞器官，比如线粒体、叶绿体。根据已有的证据推测，早期动植物的分化就与古菌吞噬不同的细菌有关，吞噬对象内化为叶绿体的可能演化成了植物，另一些中的一小支则演化成了动物。

生物，能量捕手

在原始海洋的保护下，水体承担着过滤紫外线的重任，而早期诞生的有机体正以细菌的形态缓慢且稳定地在水体中发生着改变。这些光合细菌依靠身上的光敏物质[①]与太阳光发生着光敏作用[②]，而这一层光敏物质为了躲避紫外线的伤害逐渐进化成了暗紫色，用以反射紫外光，因此这些被反射的光就呈现出红光与紫光，使徜徉在海中的生物在海体表面呈现出一片“紫气东来”的景象。

这些身披艳丽外衣的生物依靠吸收太阳的能量获取生长所需的物质供给。然而遗憾的是，只有一部分太阳光中的能量能为它们所用，也只有一部分光线能够穿透水体到达原始海洋的更深层。从能量利用的角度来看，这种方式十分不经济。

对于能量的储存以及如何将这些能量长期利用，成了这些“小家伙”们需要解决的问题，于是，光合作用应运而生。绿硫杆菌、阳光杆菌等原核生物，可以利用菌绿素进行光合作用，生成能量；

①光敏物质是指能够发生光化学反应的物质。

②光敏作用亦称光动力作用或光力学作用，是指生物体内同时具有氧和色素时，在观光（该色素的吸收光）的照射下，生物体内分子产生的氧化作用。

蓝细菌及真核生物，则利用叶绿素进行光合作用，并释放氧气。这些藻菌群落日复一日地交替演化，占据了有利的生态位，当它们制造的氧气足够多时，便可氧化海洋中的还原性盐，毒化古细菌。也正是这“得天独厚”的环境，为动物的起源提供了客观条件。一般认为，真核生物的叶绿体起源于蓝细菌，即叶绿体是由内共生形成的，叶绿体本身还具有自身完整的遗传信息。

单细胞原核生物——蓝藻的出现，是植物进化史上一个巨大的飞跃，此后，慢慢诞生的真核藻类，比如绿藻，它可以更加高效地进行光合作用，其机制也基本成熟。更有意思的是，绿藻的细胞结构也与高等植物相似，因此被认为是现今所有陆生绿色高等植物的祖先。

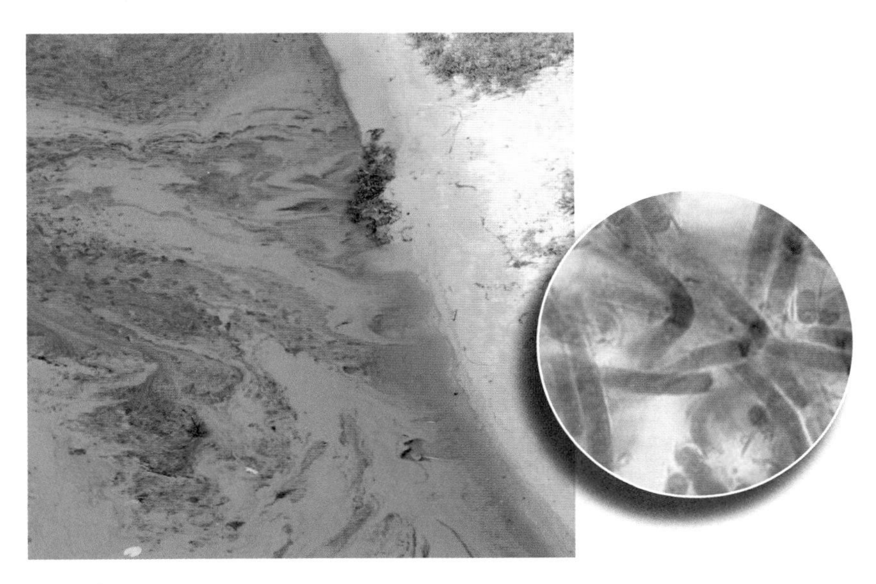

水体漂浮的蓝藻　　蓝藻的显微结构

5.41 亿年后地球进入寒武纪，这之后的寒武纪地层中突然出现了门类众多的无脊椎动物化石。而在早期更为古老的地层中，长期以来没有找到其明显的祖先化石，这一现象被古生物学家称作“寒武纪生命大爆发”，简称“寒武爆发”。

原始海洋中海生藻类呈现出多样化的发展态势，与此同时出现了一群被认为是地球早期的动物形态——海生无脊椎动物。这些海生藻类和海生无脊椎动物在相当长的一段时期内成为广阔海域的当家人，而包括几乎所有现代生物类群祖先在内的大量多细胞生物，也在同一时期爆发式地出现在海域中。

其实，脊椎动物在寒武纪早期就已经开始分化了，只有人类拇指般大小的海口鱼就是第一种脊椎动物，它的弹性脊柱使它比无脊椎的原始海洋动物们行动更加自如，并能轻易吞噬猎物，躲避危险。

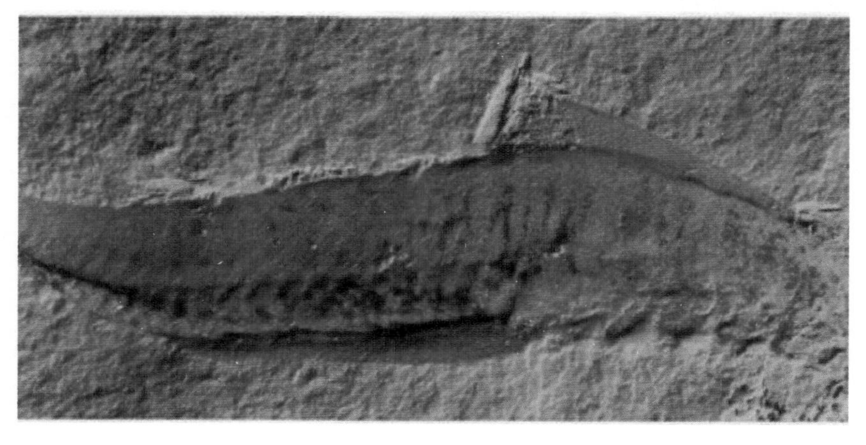

在云南的澄江动物群（帽天山层）发现的海口鱼化石

之后，地球经过了数亿年的生物演变，从海洋里迸发出来的生命像一棵充满活力的大树，开枝散叶，演化出多种多样的生物，令世界充满生机，花繁叶茂。

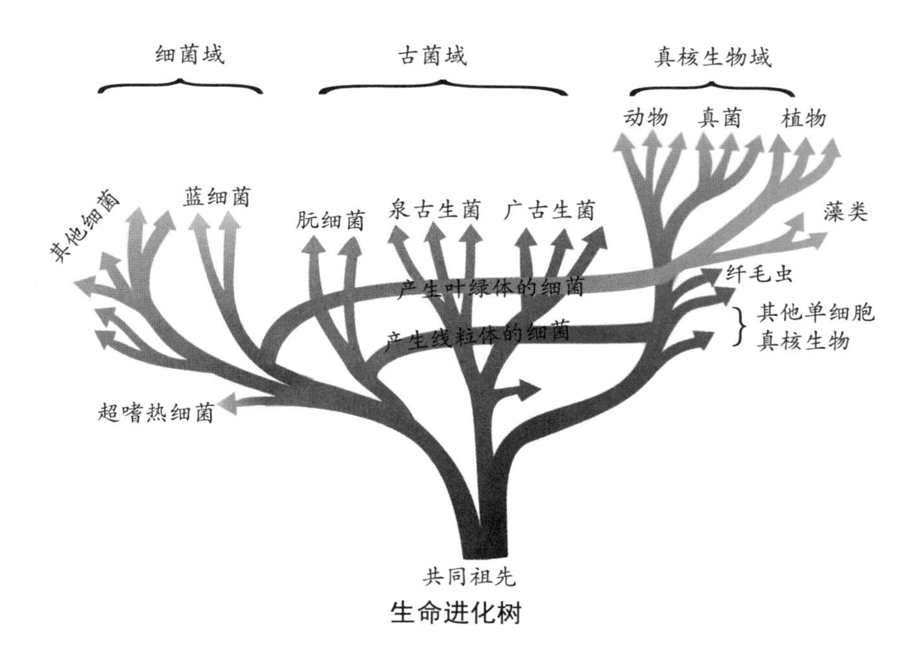

生命进化树

挺腰，伸脚，攻占大陆

“绿色微生物”高效的储能方式为植物迅速繁衍生息提供了行走江湖的便利。它们释放氧气的独特功能，使氧气在平流层下创造了臭氧层，臭氧层的形成又保护了地球免受太阳紫外线的侵扰。可以说，“绿色微生物”发展出的光合作用成为改变地球的历史性进步，也为日后生物的大规模登陆创造了先决条件。

伴随着大气成分的变化和海水的蒸发，岩石裸露在海平面上，植物在水中生存亿万年后，有了可供移民的新大陆，部分水生植物的形态结构向着适应陆生方向发展。大约 4.2 亿年前，一些矮小的苔藓开始进军地球的陆地部分，成为最早的陆地“拓荒者”之一。

这些苔藓是一种小型的绿色植物，其结构简单，仅有茎、叶两部分，有时只有扁平的叶状体。然而苔藓的生存依旧不能离开水，当它们找到阴暗潮湿的适合安家的陆地环境后，就开始为自己的暂住做打算，它们演化出了可以固定在岩石上的假根，于是就出现了裸蕨植物，它们没有真正意义上的根，更没有叶子。后来为了适应陆地环境，它们分化出地上和地下部分，地下部分吸取水分，地上部分争取阳光，于是就演化出了有根、有叶的蕨类植物。不同于苔藓的是，蕨类植物打破了原有的匍匐枝形态（地下部分），而是以直立枝（地上部分）的状态率先站立起来，成为陆地上第一种直立生长的植物。

苔藓和蕨类植物（王静 拍摄）

无论是原始的苔藓还是蕨类，它们都是这场登陆革命中的“奠基者”，肩负着开拓陆地的使命。

几乎在同一时期，所有的原始植物都蠢蠢欲动起来，准备着它们的“登陆计划”。植物们为尽快占领“新大陆”，获得更多的生存空间，首先要解决的问题就是远离水源所带来的生存压力。这些植物陆续生出了原始的根系，牢牢地将植株固定在裸露的岩体上。植物的根系拥有惊人的抓握能力，足以粉碎地表的岩石，它们制造出大量细微的岩石颗粒，当这些岩石颗粒与凋亡的植物混杂时，就形成了陆地上星星点点的最早的土壤，日积月累，这些土壤成为植物储存水分和矿物质的理想场所。

植物们通过一代代前赴后继的努力，化腐朽为神奇，以先驱之体铺就子孙落脚之地。如今，土壤已经覆盖了地球陆地 40% 的面积。达到这个比例要经过极其漫长的岁月。要知道，制造仅仅 2 厘米厚度的土壤大概需要千年之久。植物根系及其创造土壤的能力使它们在“登陆革命”中所向披靡，并推动了它们向内陆拓荒的进程，成就了植物改变地球生态的又一壮举。

与植物先祖拥有高端大气的光合作用和制造土壤的能力相比，动物的先祖们只能沿着海岸默默加速对它们身体的“整形”，以便提高取食的效率。

在 4.4 亿 ~ 4.1 亿年前的志留纪时期，海洋成为无脊椎动物的许多高级门类，如节肢动物和软体动物的天下，节肢动物的板足鲎类就是当时的海域霸主。当时大部分动物都披上了盔甲，而板足鲎在演化出盔甲的同时，还附带了一个新装备——它的第一对附肢演化成独特的螯肢，就像一对大钳子！枪杆子里出政权，板足鲎从此吃喝不愁，走上称霸之路。而此时的脊椎动物依旧弱小，常常成为板足鲎类的猎物。

板足鲎（刘春池 绘图）

在经历了数百万年的“美容整形”后，弱小的脊椎动物穷则思变——鱼类纷纷在它们脊椎附近的肌肉上演化出了强大的尾巴和鱼鳍，并演化出了厚重的骨甲，保护它们重要的中枢部分，轮廓清晰的头部也出现了。凭借先进的头盔，鱼类在志留纪和泥盆纪早期（大约 4 亿年前）迎来了属于它们的辉煌时代。以水藻为生的头甲鱼成为时代代表。据悉，大部分头甲鱼的化石被发现于淡水沉积岩中，所以它们中的大多数可能是淡水鱼的先祖。

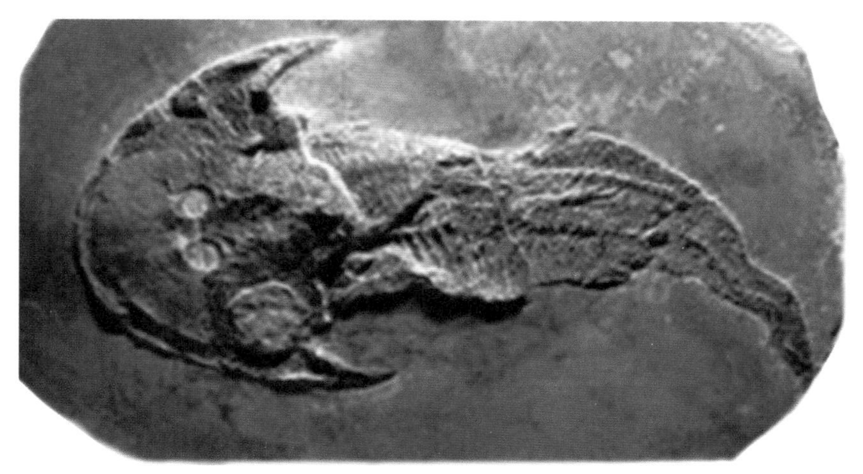

头甲鱼化石

头盔还不是最厉害的武器，鱼类的其中一个分支演化出了对抗节肢动物的武器——下颌，成为有颌鱼类，它们在泥盆纪中期（大约 3.8 亿年前）崛起。随后，傲视海洋的大型板足鲎类彻底在海洋中消失了，它们不得不从海洋转入淡水领域，继续它们的“霸业”。

海洋中有颌鱼类的发展和陆地上的植物一样欣欣向荣，它们因为有了强大的下颌，从此无往不利。有颌鱼类不再满足海洋生活，它们也开始进入淡水领域。这一举动使苟活于淡水中的大型板足鲎又一次选择了打不过就跑的策略，它们不得不跋涉迁移，爬上沼泽，继续偷生。可是，有颌鱼类穷追不舍，继续扩大地盘，也跟着上了岸。

事实证明，称霸不称霸，装备很重要！

志留纪末期，由于蕨类植物的大肆登陆，地球上展现出了前所未有的繁茂景象。紧随植物登陆的动物成了这次改变的最大受益者，充足的氧气条件使动物们逐渐摆脱了依靠腮部滤水呼吸的枷锁。

硬骨鱼纲动物成功上岸，演化出了四足形类动物继续向陆地进军，这就是早期的两栖动物，如海纳螈。可是，不要高兴得太早，这些早期的两栖动物通常还是生活在水中，它们只有在迫不得已时才会上岸。为了适应陆地生活，它们演化出了鳞片，像盔甲一样保护着躯体。由于它们的装备厚重，在陆地上仅能进行短距离的移动，繁殖季还要返回水中产卵，因此它们大多做了明智的抉择——临河而居。

在3.6亿～2.8亿年前的石炭纪时期，四足形类动物的一个分支成功告别了水中产卵的习性。它们的卵演化出了多层膜，既可以保护卵中的胎儿，也可以交换空气。这个分支被称为羊膜动物，是包括合弓类动物（哺乳类动物、似哺乳类动物）与蜥形类（含爬行类动物、鸟类）在内的一群四足脊椎动物。这一伟大变革，使脊椎动物终于可以离水上岸，进入更加干燥的环境并长期生活。

这一时期也是巨虫的时代，节肢动物统治了陆地。因为石炭纪繁茂的植物创造了大量的氧气，而且当时还没有出现能够飞行的脊椎动物，昆虫成了空中的顶级猎手，出现了身形庞大的巨脉蜻蜓和一种 2 米多长的巨型节胸虫。

巨脉蜻蜓化石

到了石炭纪末期，雨林崩溃事件[①]使得大型节肢动物消失殆尽。大量森林消失，陆地变得干燥，很多大型蕨类植物灭绝，种子植物取代了它们。

---

①雨林崩溃事件是一起小型灭绝事件，发生在大约 3.05 亿年前的石炭纪末期。它改变了覆盖欧洲和美洲赤道地区的广阔煤炭森林。这一事件可能将森林分裂，也导致许多植物和动物物种变得矮小，以及不久之后的物种灭绝。

2.8 亿～ 2.5 亿年前的二叠纪时期，羊膜动物取得了巨大的成功，尤其是它的一个分支——合弓纲动物，在它们头骨的两侧各出现了 1 个下颞孔，发达的下颞孔加上形态各异的牙齿，大大提高了进食效率。此外，一部分合弓纲动物还演化出了背帆，用以调节体温。到二叠纪中期，又演化出兽孔类动物，这个分支的颞孔更大了，并且还有巨大的犬齿。古生物专家推测，它们可能是恒温动物，因此不再需要背帆来调节体温，但是它们改造了四肢。兽孔类动物的四肢在身体下方，使得它们的奔跑速度大大提升，成为当时的优势陆地动物。改头换面的它们占据了大量陆地生存空间，数量众多，且种类多样，比如大型掠食者和素食者的丽齿兽类和水龙兽。直至二叠纪生物大灭绝①的出现，许多早期合弓纲动物消失，少数物种存活到三叠纪（2.5 亿～ 2.1 亿年前）。

三叠纪早期的地球表面十分干旱，含氧量低，而已经登陆的素食动物们开启了大规模的进食行动，植物们在这种艰难的生存状况下不得不形成自我反抗和防御机制。三叠纪晚期，苏铁类崛起，苏铁属的植物进化出了针状的叶子，用以刺伤猎食者。这类坚硬的植物使得素食动物很难适应。

---

①二叠纪生物大灭绝是一个大规模物种灭绝事件，发生于古生代二叠纪末期，距今大约 2.51 亿年，导致了约 90% 的海洋生物物种和约 70% 的陆地脊椎动物先后灭绝。在灭绝事件之后，陆地与海洋的生态圈花了数百万年才完全恢复，比其他大型灭绝事件的恢复时间更长久。此次灭绝事件是地质年代的 5 次大型灭绝事件中规模最庞大的 1 次。

有的植物还进化出了化学武器：它们或形成难以下咽的独特口味，如释放辣椒素引起刺痛感的辣椒属植物；或释放出化学毒素引起动物肠胃不适、神经受损，甚至导致死亡；更有甚者，形成了植物阵营，当一株植物遭受攻击时，它会向同伴植株释放出带有警告信号的气体，同伴则会分泌出有害化学物质抵御前来进食的敌人。这些为了对抗其他物种而发生的看似有趣的性状演化，被称为协同进化。植物们这种无声的协同进化抵抗胜过有声的示威宣告，看来植物也是特立独行的行动派。

合弓纲动物在三叠纪以后趋于灭绝，只有少数物种存活到白垩纪（1.44 亿～ 0.65 亿年前）。现在的哺乳类动物就是合弓纲动物的后代。而主龙类爬行动物迅速成为三叠纪的优势陆地动物。那些当时看起来比较弱小的恐龙，其呼吸系统在蜥形纲中却是最厉害的，虽然中生代的空气含氧量不高，但是恐龙却演化成了史上最大的陆地生物，也在三叠纪晚期后成为地球的统治者。

恐龙所属的鸟跖类动物又演化出了翼龙，它的出现，降低了昆虫在空中顶级捕食者的地位。鸟跖类是爬行动物中最进步的分支，二叠纪生物大灭绝后它们崛起了，在侏罗纪（2.13 亿～ 1.44 亿年前）和白垩纪时期，它们是陆地和空中的绝对霸主。而当时的海洋却由其他爬行动物统治着，鳍龙超目和鱼龙目就是当时的海洋霸主了。

携手共进

约从6500万年前至今，也就是地质年代中的最后一代——新生代，地壳开始了强烈的造山运动，地球进入雨林时代，雨林从赤道蔓延到地球的大部分地区。生物演化进入史上最迅猛时期，大型爬行动物（恐龙）逐渐绝迹，哺乳动物繁盛，直到后期人类的出现，地球上的生物圈基本和现在的接近。

在此过程中，植物与动物“携手共进”，“休戚与共”。

有些动物喜爱上了植物果实，其中灵长类70% ~ 90%的食物都是果实。这些得来容易的免费产品最终都会让消费者用另一种方式付出代价。事实上，果实的产生带给植物两个最直接的受益：一是为种子提供更为完全的保护；二是拓展了更有利和多样化的种子传播方式——动物传播，这种传播方式使难以“长途跋涉”的植物种子能够“远走他乡”，扩大生存范围。

动物取食植物果实后，消化掉果实的果皮、果肉，被外壁包裹的果核通过动物粪便排泄出来，这不仅传播了种子，还为即将发育的植物提供了“天生”养料。而另一些未被动物食用的果实在微生物的作用下，分解成腐殖质和果核，而腐殖质又成为果核

生根发芽的养分。

这种动物采食植物果实的种子传播方式造成了动物和植物的协同进化，比如果实的颜色是植物鼓励动物摘取成熟果实的旌旗，成熟后的果实多为红色，灵长类为了发现红色不得不进化出一种更先进的视觉系统。

在植物“请客吃饭”的同时，动物则在“酒足饭饱”后“跑腿答谢”。这些，究竟是互惠互利，还是“施之以蜜，报之以恩”的平等交易？谁又主宰了谁呢？

不过植物也会提防只吃“霸王餐”的群体，以辣椒种子为例，鸟类可以传播辣椒种子，而哺乳动物的消化系统会杀死种子，为了吸引鸟类、“劝退”哺乳动物，辣椒采用了鲜艳的红色加上刺激性辣味的方式，刚好适应鸟类对红色敏感，且没有辣椒素受体的特点来传播它们的种子。而很多哺乳动物既无法分辨红色，又怕辣，于是就对辣椒敬而远之，辣椒也避免了被“白吃”的命运。

无论地球环境如何改变，地球上的生物都在以自己的方式顺应着环境变化，正是它们对生存锲而不舍的努力才造就了属于自己的生物圈，形成了现在我们所看到的五彩缤纷的自然界。

第三章　隐秘而伟大的生命之网

——精妙绝伦的生态系统

走过生命演化的漫长历程，地球迎来了如今繁盛的景象。那些形态各异、习性迥然的生物们，或成群或分散地生活在一起，连同人类都遵照着世代相传的生存法则，时刻与周围的环境和栖居的生物们进行着物质、能量和信息的交换与传递。那些隐秘的操作，让生物圈看上去更像是一个井然有序的食品加工厂，其中一条条的食物链或食物网如同生产车间的流水线，所有食品原料按照工艺流程有条不紊地运行着，分别满足着不同类型的生命个体，共同维持着地球的和谐发展。

密不可分的联盟

漫长的地球演化历经了数十亿年，包括人类在内的各色生物济济一堂，共聚其中。随着人类社会的发展，认识和区分事物，厘清它们与人类的关系，成为推动社会进步的必要手段。生物分类学应运而生，开启了人类对生物圈内各种生命体的命名与标记行为。

对生物进行分类有利于人们弄清不同生物类群之间的亲缘关系和进化关系。17 世纪末，英国植物学者雷曾把当时所知的植物种类做了属和种的描述，还提出将“杂交不育”作为区分物种的方法。

为了给数量众多的生物起个全球通用的姓名，18 世纪瑞典生物学家林奈建立起了具有实操性的“双名制”命名法，就像人们取名时使用“姓氏 + 名字”的方式，一个物种的名字由两个拉丁化名词组成“属名 + 种名”。这种“双名制”命名法不仅便于在分类系统中查找相应的物种，也易于判别生物间的亲缘关系，得到了各国专家学者的广泛认可并沿用至今。

之后，生物学家们用域（Domain）、界（Kingdom）、门

(Phylum)、纲(Class)、目(Order)、科(Family)、属(Genus)、种(Species)加以分类。种(物种)是生物最基本的分类单位，自然界所有动物、植物和微生物种类的丰富性，也就是物种的多样性。

说到物种，不得不提德裔美国学者 E. 迈尔，他在《生物学思想的发展史》中指出：能实际或潜在发生彼此杂交的种群集合，构成一个种，即物种。也就是说，同一物种相互间可以繁衍后代，而与其他相似群体不能生育后代。这一特点构成了分类学里最基本的单元——物种。比如驴和马分别是两个物种，它们杂交后繁育出的后代是骡子，骡子没有继续繁衍的能力，因此只能称为杂交品种，不属于新物种。

自然界中相同的物种常常生活在环境相同或相近的地域范围内，我们称之为种群。这些种群与环境中的其他种群共同生活在同一空间中，成了睦邻友好的群落。群落中的生物们彼此达成了生存默契，有着它们之间的相处之道。在一个群落中，物种的数目及它们的相对多度(即均度)是衡量该群落物种多样性的指标，包括群落中现存物种的数目，也包括物种的相对多度。

随着科学技术的日新月异，人们发现，遗传(基因)多样性又是物种多样性的基础。基因测序技术为物种的分类研究带来新视角和技术支撑，现在人们知道，生物的基因变异和染色体变异是生命进化和物种分化的根本原因，遗传(基因)的多样性表明：

一种生物所携带的基因越丰富，就越能更好地适应环境，便于长久生存。比如某物种的种群具有在其他物种种群中没有的基因突变（等位基因），或者在其他种群中很少见的等位基因可能在该种群中出现很多，这种遗传（基因）差别使得该物种在局部环境中的特定条件下能够更加成功地繁殖和适应。一般来说，一个物种的种群越大，它的遗传多样性就越丰富。

物种、种群、群落和它们所处的环境组成了一个生态系统。早在 1935 年，英国植物生态学家坦斯利（A.G.Tansley）在研究时就发现了这一点：气候、土壤和动物对植物生长、分布和丰富度存在着关联和影响。他提出生物与环境之间自成系统的说法。多年后，学者们通过不断研究和完善认为：在一定空间中共同栖

生态系统示意图（王静 制图）

居着的所有生物与环境间，通过不断的物质循环和能量流动形成了统一的整体。这正是对生态系统的完美诠释。要知道，任何生态环境都离不开生物和环境的组合，没有环境，生物将失去活动的家园。而生态系统又分为很多种，比如物种多样、结构复杂的热带雨林生态系统，是目前地球上最稳定的生态系统；还有我们工作和生活的城市生态系统、农田生态系统，属于人工生态系统；另外还有按照生境划分的淡水生态系统、河口生态系统、海洋生态系统、沙漠生态系统、草甸生态系统、森林生态系统，等等。正是生物与环境间的各种不同组合，造就了生态系统的多样性。

在生态系统中，生物与环境之间相互影响、相互制约，形成了相对稳定的动态平衡。为了维持这样的平衡，人们将参与其中的生物们按照功能划分成了 3 大阵营：生产者、消费者和分解者，它们与非生物的环境共同构成了生态系统的支撑。也只有这些支撑彼此联系、配合，生态系统才充满活力，有充足的能量基础来维持其正常运行。

在这个精妙的系统中，物种间的合作源于最根本的物质交换，这又得回到有关吃的话题——食物链。我们按照生物取食与被取食的关系将生物按顺序一字排开，形成先来后到的营养层级。在不同的层级中不难看出，每一个资源消费者反过来又成为下一个消费者的资源。这乍听起来更像是“吃与被吃”角色的无限循环。即便是“吃”，它们的方式又截然不同，以取食方式形成的食物链通常分为 3 种类型：捕食型、寄生型和腐生型。

捕食，前赴后继的吃货联盟

捕食食物链是以植物为基础，从植食性动物开始的食物链，取食顺序总体上是肉食性动物→植食性动物→植物。这种食物链中存在的捕食关系是一种直接的对抗关系，广泛地发生在陆地和水域当中，往往对猎物种群的数量和质量起着重要的调节作用。而人为干预往往会导致食物链的改变，从而发生意想不到的生态系统变化。讲个曾经发生在波兰的事件就不难理解了。

栖居在波兰的水獭曾一度被当地渔民认为是渔业资源的头号杀手，大家纷纷加入对其猎杀的浩大队伍中，一度令水獭陷入濒临灭绝的境地。令人不解的是，即便如此，当地的渔业资源还在持续走低。后来人们才发现，水獭真正吃掉的是鱼群中的老弱病残，这些鱼类是因为健康欠佳而更易于被捕捉，也正是因为水獭的捕食才保持了当地渔业种群的健康发展。而当水獭被人为猎杀后，其种群数量骤降，更多的病鱼徜徉在鱼群间，从而引发了疾病的蔓延，最终导致鱼群大量死亡。这样看来，捕食食物链的意义已远非满足顶端消费者的果腹所需，更是对生态系统中的种群平衡起到关键作用。

寄生，“养父母”的啃食者

寄生是自然界常见的现象，见于一个物种寄居于另一个物种的体内或体表，通过摄取寄居“平台”的养分维持自我生存。这样的食物链是由那些专长“啃老”的生物以活的生物为“养父母”，形成了生活组合。比如菟丝子属和列当属的植物，它们中的很多种类常常寄生在酢浆草、亚麻、柳树、向日葵和苎麻等植物上。还有家喻户晓的名贵中药材冬虫夏草，它实际上是冬虫夏草菌趁蝙蝠蛾科幼虫活着的时候寄生在里面，在汲取完养分后形成的菌丝和干燥幼虫的复合体。

菟丝子（张莹 拍摄）

冬虫夏草（江永贵 拍摄）

由于寄生生物的生活史很复杂，所以寄生食物链也很复杂。与捕食食物链不同的是，越是在寄生食物链基部的，也就是寄生者的“养父母”，其生物个体越大。随着食物链环节的增加，寄生物的体积也变得越来越小。这么看来，寄主的块头似乎和可提供的能量成正比。

腐生，大自然的殡葬服务

腐生食物链又称分解链、碎屑食物链，是以死的动植物残体为基础，是从真菌、细菌和某些土壤动物开始的食物链。它们更像是这片广袤大地上的殡葬服务者。当一个生命终结，它们便闻风而来，为这些亡灵的躯体超度，接引另一些生物的到来，同时从中得到实惠。

它们都是分解者

以根瘤菌为例，作为农业常用的固氮菌，根瘤菌在土壤中主要依靠动植物残渣过着腐生生活，它们通过这些遗留的残渣补充自身生长的营养所需。当根瘤菌遇上豆科植物，便会迅速向植物根部靠拢，实施旷日持久的化学刺激，直到植物不胜其扰，开启根部的加速分裂、膨大后，形成大大小小的“瘤子”，又反过来向根瘤菌供应丰富的养料和理想的活动场所。投桃报李的结果是，根瘤菌又会卖力地从空气中吸收氮气为豆科植物提供充足的氨原料，让它们茁壮成长，从而形成植物与根瘤菌互利共生的关系。

其实，这些食物链的关系并非完全割裂存在，比如腐生食物链与捕食食物链往往同时存在，共同发挥作用，是生态系统物质循环的重要环节。

除过上述3种食物链外，还有几种方式也同时存在于生态系统中：

原始合作，又被称为共栖，指两个种群相互作用，双方互惠互利，即便协作分离后，双方仍能独立生存。如某些鸟类喜欢啄食某些大型哺乳动物体表的寄生虫，而当其他大型动物靠近时，听觉敏锐的鸟立刻起身飞走，为被啄食的大型哺乳动物提供预警服务。

互利共生，指两个物种生活在一起，彼此有利，一旦分离，双方生活就会发生很大改变，甚至可能无法存活。前面提到的投桃报李的根瘤菌与豆子之间就是互利共生的鲜活例子。

偏利共生，指对一方有利而对另一方无害的作用。如凌霄花用藤蔓缠绕橡树的傍生关系，橡树的枝干支撑凌霄花不断攀缘向上，使它以最大表面积获取阳光，通过光合作用制造营养物质。再如，海洋中的藤壶附生在螃蟹身体上、鲫鱼用其头顶上的吸盘固着在鲨鱼腹部等，都是一方通过免费搭载，为自己长距离迁移获取充足的食物创造便利条件的偏利共生关系。

偏害或抗生，指两个种群在一起时，由于一方的存在对另一方起到抑制作用，而自身却不受影响。举例来说，胡桃树分泌一种叫作胡桃醌的物质，它能抑制其他植物生长，避免与自己争夺营养，因此，在胡桃树下的土壤表层中其他植物无法存活。还有，某种微生物产生一种化学物质以抑制另一种微生物的生长，如青霉素是由青霉菌产生的一种细菌抑制剂，它可以广泛、普遍地杀灭大多数细菌，从而保留更多的营养物质供自身使用。由此，这一类细菌通常被当作抗生素使用。

竞争，指两个种群共同生活在同一生境中，为争夺有限的营养、空间和其他共同需要而发生的种间竞争关系。这一关系又可分为一物种直接抑制另一物种的直接干涉型，以及资源缺乏导致间接抑制的资源利用型。例如松树树枝形成的“伞盖”下很难见到草木生长，这一现象是由于松树为常绿树种，生长周期长，伞盖下难有阳光照射，即便有植物扎根，由于缺乏光合作用，最终只能“饿死”；而长年掉落的松针堆积在地面，又导致土壤潮湿、滋生细菌，草本植物就算扎根也会因为烂根而无法生长。

最后，还有最常见的中性方式，是指两个物种彼此无影响的相互关系。比如荒地上生长的各种野花野草，还有树木上栖息的各种鸟类、松鼠和昆虫，它们彼此为邻、互不干扰地生活在一起。

充满生机的网络

自然界的各色物种在食物链中成为许许多多独立的“点”，将这些“点”连接起来成为“线”，而像人类这样食物种类多元的物种往往会同时出现在几条不同的食物链中，也就出现了无数条错综复杂的“线”。这些“线”交汇而成的网状关系，即食物网。食物网越复杂，生态系统抵抗外力干扰的能力也就越强大；反之越简单，生态系统就越容易受到干扰和波动。

通过这些由食物链交织出来的、充满生机的网络，我们可以发现生态系统有着两大基本功能：物质的循环和能量的流动。

物质是构成生态系统的原材料，它们从地球的大气圈、水圈和土壤、岩石中可以获得，是来自地球的慷慨赠予。一般构成生命成分和保证生命活动正常所必需的主要元素有碳、氢、氧、氮、磷、钾、铜、锌、硼等40余种，这些物质随周边环境进入生物体内，在生态系统的食物链中层层传递，经过分解再返回自然环境，然后被生物再次吸收。它们可以被系统反复循环利用。其中，碳循环过程的碳足迹因与全球温室效应密切相关，已成为近年国际关注的热点问题。就像物质循环有其可持续利用的积极一面，同样，有毒物质在传递上也有积累作用，通常食物链越复杂、层级越高，毒物积累的剂量就越大。

除此之外，物质在生态系统中不仅是维持生命活动的基础，还是能量传递的载体。

地球所处的太阳系本身就是一个开放的生态系统，为了维护系统自身的稳定，需要从太阳中源源不断地获取能量。任何生态系统的生物都无法离开太阳的能量供给。而能量又是生态系统中一切活动和过程的主要推手，它总是由高效能向低效能沿单方向流动。这些能量在动物、植物、微生物及它们所处的环境中迁移、转化，形成一张无形的大网，将所有生物牢牢地绑缚其中。由于受到能量传递效率的限制，食物链的长度一般不会太长，通常由 4 ~ 5 个环节构成。

生态系统的功能除了体现在生物生产、能量流动和物质循环过程以外，还表现在系统中各生命成分之间存在的信息传递，在此过程中同时伴随着一定的物质和能量消耗。信息传递往往是双向进行的，有从输入到输出的信息传递，也有方向相反的信息反馈。正是由于这种信息流的产生，才使生态系统有了自动调节的机制。比如动植物在繁殖期释放的激素信息，以及行为信息和营养信息，这些信息及它们的传递极有可能是促进生物演化和生存的“智慧”来源。

自然条件下，生态系统总是朝着种类多样化、结构复杂化和

能量金字塔

功能完善化的方向发展，直到使生态系统达到趋于稳定的状态为止。人们常说的生态平衡其实是一种并非静止的动态平衡，因为能量流动和物质循环总在不间断地进行着，这期间，每个生物个体通过系统进行信息反馈，继续着它们“以万变应不变”的生存策略，使这张无形的生态之网处处充满了生机。

从“生物圈”到“月宫一号”

地球上所有的生态系统组合成了一个“生物圈”，其范围为海平面上下垂直 10 千米，包括地球上有生命存在和由生命过程变化和转变的空气、陆地、岩石圈和水，我们人类就身在其中。自然界中的各种生态系统正在不遗余力地发挥着各自在“圈”内的作用，调节着整个生物圈的平衡。在科技未达到星际移民的水平之前，地球仍是人类赖以生存的家园。

但是，人类总是有“宇宙那么大，我想去看看”的美好愿望。而地球之外没有适合人类生存的“生物圈”，于是许多航天大国都想方设法尝试制造一个“人工生物圈”，他们在生物再生生命保障系统方面开展相关研究，最著名的当属“生物圈Ⅱ号”。在美国亚利桑那州图森市以北的沙漠中，有一座微型人工生态循环系统，为了与地球本身“生物圈Ⅰ号”区分开，故命名为“生物圈Ⅱ号”。

“生物圈Ⅱ号”项目自 1987 年启动，于 1991 年打造成一个占地约 1.2 公顷、封闭空间为 20.4 万立方米的人造生态系统，用以开展密闭状态下的生态与环境研究。这种对密闭式生态系统进

生物圈Ⅱ号

行的探索，是未来人类在太空建造长期生存空间的可能模式的一次大胆尝试，也可使人类更深入地了解地球在自然状态下的运作机制。1995年，该项目因“系统失调”而被迫停止。但是，无论结果如何，此次实验仍然意义非凡：这是人类模拟地球生态系统的一次积极探索。在探究“系统失调”原因的同时，也正是寻求破局之道的开始，正所谓“失败乃成功之母”。

通过对该系统的审视，增进了人类对地球生态系统的认知。“生物圈Ⅱ号”的生态系统是由地球生物圈简化而来的，其失败的原因可能是在设计时该系统中的土壤、大气、海洋的比例与地球生物圈的比例相去甚远，并未把相应的动物、真菌、微生物等群落按比例搬入系统当中。土壤及其微生物连同系统里的动物和人呼吸所释放出的二氧化碳大大超过了该系统中植物所能利用的数量，而系统中的海洋来不及将多余的碳通过无机盐的形式固定下来，植物制造的宝贵氧气又被大量的呼吸而消耗殆尽。氧气降低、氧化亚氮和二氧化碳升高的程度超过了生物生存的警戒水平。由于缺乏相应的消费者和分解者，引发了诸如枯落植物难清理、热带雨林乔木过度生长、用作固定二氧化碳的藤本植物（如牵牛花等）在高二氧化碳浓度环境下疯长等问题，危及其他植物与农田的生长，甚至导致所有传播花粉的动物的消失、开花植物不能正常授粉。另外，引入系统中的25种脊椎动物就有19种消失……一个微缩版的生态失衡范例活生生地摆在了人们面前。

虽然“生物圈Ⅱ号”以失败告终，但没有阻拦住人们继续探索的脚步，在总结前人经验的基础上，我国的“月宫一号”开始了新的尝试。

“月宫一号”是北京航空航天大学建立的空间基地生命保障人工闭合生态系统地基综合实验装置，是一个密封的系统，也就是说，在实验运行期间，与外界不发生气体交换。“月宫一号”是基于生态系统原理将生物技术与工程控制技术有机结合，构建由植物、动物、微生物组成的人工闭合生态系统，人类生活所必需的物质，如氧气、水和食物，可以在系统内循环再生，为人类提供类似地球生态环境的生命保障。“月宫一号”一期包含了一个植物舱（种植面积69平方米）和一个综合舱（42平方米）。

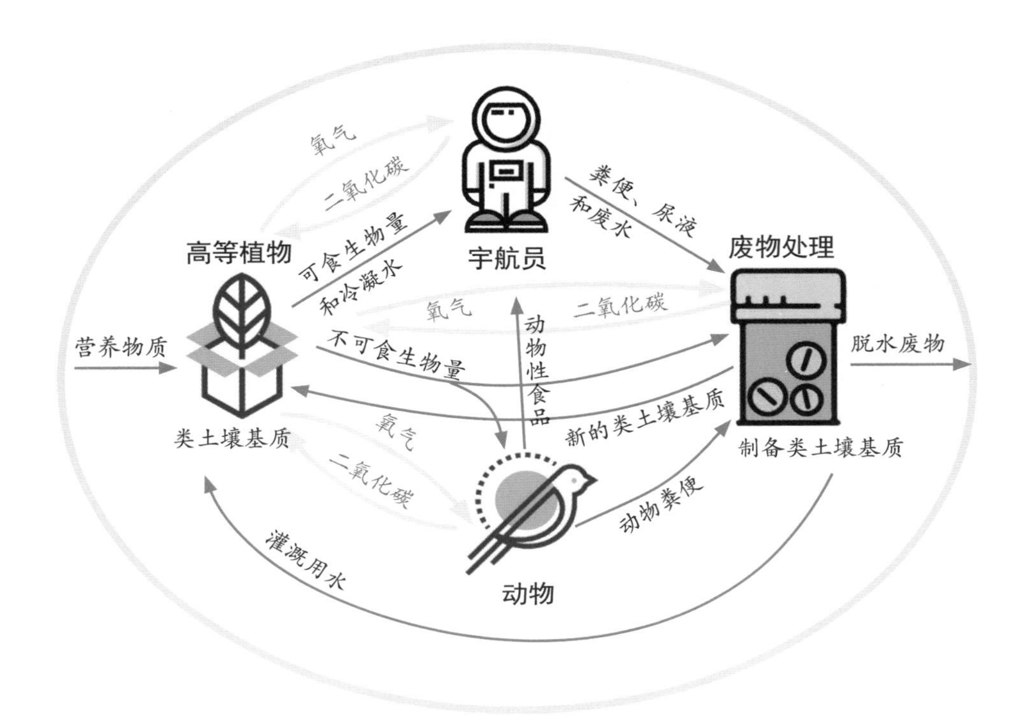

“月宫一号”生物再生生命保障系统原理图

2018 年 5 月 15 日，“月宫一号”圆满成功完成了为期 370 天的、世界上持续时间最长、闭合度最高的密闭实验——“月宫 365”实验。“月宫 365”实验实现了闭合度和生物多样性更高的“人－植物－动物－微生物”四生物链环人工闭合生态系统的长期稳定循环运转，且保持了人员身心健康，这对于人类实现在地外长期生存无疑是具有重要理论和实践意义的一大步。

尽管这些人为制造生物圈实验取得了一些进展，但是最终人们还是发现，以人类目前的科技水平，尚不能建立起完全代替地球现有生态系统的人造工程。

在这些实验中，人们常常忽略了一个事实，就是地球生物圈的大气、土壤、海洋、生物群落之间的高度和谐，是经历了非常漫长的岁月后才达到的。实验再次印证了我们保持地球生物圈现有的生态平衡这一呼吁的意义，那些失败的实验从另一个侧面警示人类：目前，地球的生物圈才是全人类赖以生存和发展的珍贵财富！

但是，生态平衡失调的初期往往是悄无声息的，如何做到防微杜渐？我们每个人都不是局外人，都需要做出正确的选择。

第四章　不速之客

——制造混乱的入侵物种

人类活动可能导致外来物种入侵，这些外来移民有可能造福人类，也很有可能对当地生态环境乃至经济发展造成负面影响。动物、植物、微生物与环境之间有着千丝万缕、错综复杂的关系，自然万物借助自身的运转法则维持着动态的平衡。我们可以将这个动态的体系看成一个完整的球体，当受到外界攻击时，往往是从它最薄弱的环节开始突破，使之产生裂缝，一些不速之客便乘虚而入，寻找立身之地。此时系统对于外界的侵略必然会产生反馈和回应：或御敌成功，或和平共存，或紊乱崩溃。

入侵来袭

一个稳定的生态系统，必定是经历了漫长的演化，各个物种相互之间以及它们与环境之间都历经漫长的磨合才维持到当下一种动态平衡的状态。在这个系统中，成千上万的物种之间都有着微妙的联系。

当一个原本不属于此系统的物种到来时，系统内如果没有制约它的天敌，它很可能就此居住下来，凭借其极强的适应能力，悄无声息地繁衍后代、安度余生。当它的后代数量日渐增多、食物和空间需求日益加剧、与本土物种竞争的锋芒再难掩饰时，它们极强的适应能力就成了刺向该系统的一把利剑。

更糟糕的是，如果该系统中一些本土物种“娇贵”又“挑剔”，那么这些本土物种的地位很有可能岌岌可危，那些虎视眈眈的入侵者，随时可能向它们挥下利剑。

1958年，英国生态学家查尔斯·埃尔顿首次提出生物入侵这个概念，并将其定义为“某种生物从原来的分布区域扩散到一个新的地区（这个地区可以是与其原产地相邻的，也可以在不接壤的千里之外，甚至更远），在新的区域里，其后代可以繁殖、扩散并生存下去”。也就是说，外来物种首先必须是此区域的非本土资源；其次是该物种能够适应此区域的环境，定居并繁衍。

那么，与外来物种相对应的就是本土物种，而当本土物种被引入其他地区的时候，又会转变角色成为目标地区的外来物种。外来物种一旦在当地定居、繁殖、形成种群并不断扩散，对当地生态、经济、人类健康造成破坏或构成威胁时，则成为有害入侵物种。

生物入侵通常有 3 种途径：一是靠物种自身的扩散传播力或借助自然力量；二是随着农产品贸易、运输、旅游等活动而传入；三是引入用于农林牧渔生产、生态环境改造与恢复、景观美化、观赏等目的的物种，随后演变为有害入侵物种。

自然入侵：环球旅行的紫茎泽兰

自然入侵不是人为原因引起的，而是通过风媒、水体流动或由昆虫、鸟类的传带，使得植物种子或动物幼虫、卵或微生物发生自然迁移而引起的外来物种入侵。如紫茎泽兰、薇甘菊以及美洲斑潜蝇都是靠自然因素入侵中国的。

紫茎泽兰原产于中美洲的墨西哥和哥斯达黎加，是菊科泽兰属多年生草本或半灌木状植物，具有繁殖系数高，耐贫瘠，有和解氮、磷作用等特点。自 19 世纪开始，紫茎泽兰被作为观赏植物在全球各地引种，后来在美国、澳大利亚、新西兰、泰国等地

紫茎泽兰（周见良 拍摄）

呈爆发式繁衍，并逐渐散布到热带、亚热带的30多个国家和地区，成为全球性的入侵物种。

大约在20世纪40年代，紫茎泽兰从中缅边境通过自然扩散的方式传入我国云南省，再经过半个多世纪的扩散，已广布我国云南、贵州、四川、广西、西藏、台湾等地，现在仍以每年大约60千米的速度随西南风向东北方向传播扩散。

由于极强的生命力和适应性，紫茎泽兰一旦侵入适宜生长的生态环境中，就能迅速成为漫山遍野的优势种群，甚至取代当地植物成为单一种群，最终破坏原有生态系统的生物多样性，导致该地区植物景观单一化，观赏性降低，也给当地的养殖业造成损失。例如在昆明西山出现的紫茎泽兰侵略式生长，导致该地牛羊喜食的牧草消失，而当地羊群在改吃紫茎泽兰后，又普遍出现掉毛、生病、母羊不孕或死亡等现象，给农户造成了不小的经济损失。有趣的是，当紫茎泽兰入侵到干旱、贫瘠的荒地，它又可改善当地生态环境，使景观复原，物种增多，似有对生态环境“劫富济贫”的侠盗之风。

无意引进的“松树杀手”

伴随着进出口贸易的货物引入的外来物种；航行在世界海域的海轮释放压舱水时带来的外来水生生物；出入境旅客携带的果蔬肉类，甚至鞋底都可能成为外来生物无意间入侵的渠道。例如松材线虫就是中国贸易商在进口设备时随着木质包装箱带进来的。

松材线虫被喻为“松树杀手”，以松树为主的针叶林都会受到松材线虫病的威胁，一旦松材线虫侵入林区，整个林区就会遭受毁灭性的破坏。被松材线虫感染后的松树，针叶呈黄褐色或红褐色，树脂分泌停止，病树整株干枯死亡，木材蓝变。松材线虫病害在美国、加拿大、墨西哥、日本、韩国等国均有发生，具有传播途径广、发病部位隐蔽、潜伏时间长、发病速度快、治理难度大等特点，被称为松树的“癌症”。20 世纪 80 年代，松材线虫曾侵袭我国香港地区，几乎毁灭了当地分布广泛的马尾松林；我国南京中山陵和安徽黄山等地的松树也曾遭受过松材线虫的入侵，如黄山的主要景观资源黄山松就受到过威胁。

松材线虫的传播方式和危害

有意引进：敌友难分的互花米草

世界各国出于发展农业、林业和渔业的需要，往往会有意识地引进优良的动植物品种。如20世纪初，新西兰从中国引种猕猴桃，美国从中国引种大豆等。但由于缺乏全面综合的风险评估制度，世界各国在引进优良品种的同时也引进了大量的有害生物，如互花米草、水花生、福寿螺等。这些入侵物种由于生存环境和食物链的改变，在缺乏天敌制约的情况下泛滥成灾。

互花米草是一种沿海岸滩涂地生长的多年生禾本科米草属植物，原产美国东南部海岸。1979年，我国学者在赴美考察时，发现了互花米草具有耐碱、耐潮汐淹没、繁殖力强、根系发达等特点，认为它是保滩护岸、促淤造陆、绿化海滩与改善海滩生态的最佳植物，可以弥补我国大米草产量低的问题，于是将它携带回国，种植于海边和沿河堤岸，打算发挥它的优势为我国生态事业多做贡献。

互花米草

然而令人意想不到的是，由于互花米草的引进，对我国南方红树林湿地生态系统造成了严重威胁。

红树林是海岸带上特有

的植物群落，在陆地与海洋交界的地方，红树林就像母亲庇佑孩子一样，维持着一个复杂的社交网络，为海岸带的生物提供了栖息场所。在这个社交网络里，有作为初级生产者的红树植物、半红树植物、伴生植物，以及海岸带水体中的浮游植物；有作为消费者的鱼类、底栖生物、浮游动物、昆虫、鸟类等；还有作为分解者的微生物；另外，还有无机环境。伴随着潮间带潮水的起起落落，这个网络进行着自我调节，大大小小的生物在此繁衍生息，陆地与海洋生态系统也在这里完成了一次又一次的信息交流，同时还伴随着物质与能量的交换。

然而，互花米草的引入却打破了原有的平衡，原本为了保滩护堤而引入的互花米草依靠其极强的适应能力，摇身一变，成为海岸线上披着绿色外套的“大魔王”。互花米草的长势疯狂，覆盖面积迅速扩大，逐渐达到了难以控制的局面。与红树林为生物提供优越的生存环境不同，互花米草致密而发达的根系剥夺了许多生物的生存环境；同时，它与原有的滩涂植物发生生存竞争，导致芦苇、红树林大量减少；互花米草致密的植株阻挡泥沙流动，导致潮沟阻塞，鱼类和底栖动物失去了家园；鸟类无法在互花米草生长区停歇或觅食，种群数量锐减，生物多样性肉眼可见地在衰退……总之，互花米草对海岸带的生态环境造成了极大的破坏。

通过以上 3 个入侵物种的例子，我们不难发现，所有的入侵物种都具有共同特点：适应能力强、扩散速度快。这种生存法则，就是这些不速之客们成功入驻的原因。并且，除极少数有害生物如紫茎泽兰是通过自然传播途径传播外，大多数外来物种入侵是人与自然共同作用的结果。随着国际合作交流与日俱增，生物入侵作为一种全球范围的生态现象，已逐渐成为导致生物多样性丧失、物种灭绝的重要原因。

中国的生物入侵现状

我国国土幅员辽阔，气候复杂多样，从北到南横跨了寒温带、中温带、暖温带、亚热带、热带等地区；东部和南部大陆海岸线长达 1.8 万多千米，内海和边海的水域面积达 470 多万平方千米，河流、山脉众多。这些得天独厚的自然条件以及快速的社会发展模式，是我国经济能够迅速增长的基础，但同时也为外来物种入侵提供了一定的外部条件，因而极易遭受外来物种的入侵。

早在 2014 年，世界自然保护联盟（简称 IUCN）公布的全球 100 种最具威胁的外来物种中，中国就已经遭受到其中 51 种外来物种入侵。

全球 100 种最具威胁的外来物种（IUCN）

疾病
鸟疟疾 *Plasmodium relictum*
香蕉束顶病毒 *Banana bunchy top virus,BBTV*
栗疫病 *Chestnut Blight*
螯虾瘟疫真菌 *Aphanomyces astaci*
荷兰榆病 *Ophiostoma ulmi*
壶菌 *Batrachochytrium dendrobatidis*
疫病菌 *Phytophthora cinnamomi*
牛瘟病毒 *Phytophthora cinnamomi*

水生植物
杉叶蕨藻 *Caulerpa taxifolia*
大米草 *Spartina anglica*
裙带菜 *Undaria pinnatifida*
凤眼莲 *Eichhornia crassipes*
陆生植物
火焰树 *Spathodea campanulata*
黑荆 *Acacia mearnsii*
巴西胡椒木 *Schinus terebinthifolius*
白茅 *Imperata cylindrica*
海岸松 *Pinus pinaster*
仙人掌 *Opuntia stricta*
火树 *Myrica faya*
芦竹 *Arundo donax*
荆豆 *Ulex europaeus*
猿尾藤 *Hiptage benghalensis*
虎杖 *Polygonum cuspidatum*
金姜花 *Hedychium gardnerianum*
毛野牡丹 *Clidemia hirta*
山葛 *Pueraria montana*
五色梅 *Lantana camara*
乳浆大戟 *Euphorbia esula*
银合欢 *Leucaena leucocephala*
白千层 *Melaleuca quinquenervia*
腺牧豆树 *Prosopis glandulosa*
野牡丹 *Miconia calvescens*
薇甘菊 *Mikania micrantha*
含羞草 *Mimosa pigra*
女贞 *Ligustrum robustum*
号角树 *Cecropia peltata*
千屈菜 *Lythrum salicaria*
金鸡那树 *Cinchona pubescens*
兰屿树杞 *Ardisia elliptica*
香泽兰 *Chromolaena odorata*
草莓番石榴 *Psidium cattleianum*
多枝柽柳 *Tamarix ramosissima*

南美蟛蜞菊 *Wedelia trilobata*
黄喜马莓 *Rubus ellipticus*

水生无脊椎动物

中华绒螯蟹 *Eriocheir sinensis*
梳状水母 *Mnemiopsis leidyi*
青蟹 *Carcinus maenas*
黑龙江河兰蛤 *Potamocorbula amurensis*
地中海贻贝 *Mytilus galloprovincialis*
多棘海盘车 *Asterias amurensis*
多刺水甲 *Cercopagis pengo*
多形饰贝 *Dreissena polymorpha*

陆生无脊椎动物

阿根廷蚁 *Linepithema humile*
光肩星天牛 *Anoplophora glabripennis*
白纹伊蚊 *Aedes albopictus*
大头蚁 *Pheidole megacephala*
四斑按蚊 *Anopheles quadrimaculatus*
普通黄胡蜂 *Vespula vulgaris*
细足捷蚁 *Anoplolepis gracilipes*
大果柏大蚜 *Cinara cupressi*
扁虫 *Platydemus manokwari*
台湾乳白蚁 *Coptotermes formosanusshiraki*
褐云玛瑙螺 *Achatina fulica*
福寿螺 *Pomacea canaliculata*
舞毒蛾 *Lymantria dispar*
谷斑皮蠹 *Trogoderma granarium*
小火红蚁 *Wasmannia auropunctata*
红火蚁 *Solenopsis invicta*
玫瑰蜗牛 *Euglandina rosea*
烟粉虱 *Bemisia tabaci*

两栖动物

牛蛙 *Rana catesbeiana*
海蟾蜍 *Bufo marinus*
离趾蟾 *Eleutherodactylus coqui*

鱼

褐鳟 *Salmo trutta*

鲤 *Cyprinus carpio*
大口黑鲈 *Micropterus salmoides*
莫桑比克罗非鱼 *Oreochromis mossambicus*
尼罗尖吻鲈 *Lates niloticus*
虹鳟 *Oncorhynchus mykiss*
蟾胡鲶 *Clarias batrachus*
食蚊鱼（大肚鱼） *Gambusia affinis*

鸟

家八哥 *Acridotheres tristis*
黑喉红臀鹎 *Pycnonotus cafer*
紫翅椋鸟 *Sturnus vulgaris*

爬行动物

棕树蛇 *Boiga irregularis*
巴西龟 *Trachemys scripta*

哺乳动物

刷尾负鼠 *Trichosurus vulpecula*
家猫 *Felis catus*
山羊 *Capra hircus*
灰松鼠 *Sciurus carolinensis*
食蟹猴 *Macaca fascicularis*
小家鼠 *Mus musculus*
河狸鼠 *Myocastor coypus*
野猪 *Sus scrofa*
兔 *Oryctolagus cuniculus*
马鹿 *Cervus elaphus*
赤狐 *Vulpes vulpes*
黑家鼠 *Rattus rattus*
红颊獴 *Herpestes javanicus*
白鼬 *Mustela erminea*

据生态环境部发布的《2019 中国生态环境状况公报》显示，全国已发现 660 多种外来入侵物种。其中，来自美洲的外来入侵生物最多，占总种数的 50.87%，并且它们在中国的入侵性很强，危害极高。更有 71 种对自然生态系统已造成或具有潜在威胁，已被列入《中国外来入侵物种名单》。

被列入《中国外来入侵物种名单》的物种，按照入侵类别划分，最多的入侵类别竟然是植物，占到全部物种数量的一半多，有370种；其次是动物，占到1/3，有220种；另外还包括少量的微生物。这些入侵物种有随苗木和插条引进的杨树花叶病毒，有随进口粮油、货物或行李裹挟偶然带入的长芒苋，有通过自然扩散从东南亚进入我国的紫茎泽兰，有作为蔬菜引进的尾穗苋、苋、茼蒿，有作为观赏物种引进的加拿大一枝黄花、巴西龟，有作为药用植物引进的洋金花，有作为养殖品种引入的福寿螺、牛蛙，有作为草坪草或牧草引进的地毯草、扁穗雀麦……这些入侵的生物对我国农林牧渔等方面都带来不小的危害和巨大的经济损失。

对中国危害性最大的入侵物种

物种	分布	寄主植物与危害
烟粉虱（B型与Q型）	广东、广西、海南、福建、云南等	蔬菜、花卉、烟草和棉花等600多种
稻水象甲	河北、山西、陕西、山东、北京等	水稻
苹果巢蛾	新疆、甘肃	苹果、沙果、库尔勒香梨、桃、梨等
马铃薯甲虫	新疆	马铃薯、番茄、茄子、辣椒、烟草、龙葵
桔小实蝇	广东、广西，云南、四川、贵州等	水果、蔬菜等250多种
松突圆蚧	台湾、香港、澳门、广东、福建、广西	松属树种

续表

物种	分布	寄主植物与危害
椰心叶甲	海南、云南、广东、广西、台湾、香港	棕榈科植物
红脂大小蠹	山西、河北、河南、陕西	油松、华山松、白皮松
红火蚁	台湾、广东、广西、福建、香港、澳门	叮咬村民，危害公共设施
克氏原螯虾	除西藏、青海、内蒙古外的其他地区	危害土著种，毁坏堤坝等
松材线虫	云南、四川、广东、广西、贵州、福建	松属树种
香蕉穿孔线虫	曾在福建、广东发现、但已将疫情扑灭	经济、观赏植物等 350 种以上
福寿螺	海南、福建、广东、广西、四川、贵州	危害稻田、农田，传播人类疾病
紫茎泽兰	云南、贵州、广西、四川、重庆	危害农林畜牧业，使生态系统单一化
普通豚草	湖南、湖北、四川、重庆、福建等	破坏农业生产，影响生态平衡、人类健康
水葫芦	浙江、福建、台湾、云南、广东、广西、贵州等	堵塞河道、造成水体富营养化，单一成片，降低生物多样性
空心莲子草	湖南、湖北、四川、重庆、福建、贵州等	堵塞河道，影响排涝泄洪，降低作物产量，传播家畜疾病
互花米草	除海南、台湾外的全部沿海省份	破坏海洋生态系统、水产养殖
薇甘菊	广东、云南、海南、香港、澳门、贵州	危害天然次生林、人工林等
加拿大一枝黄花	河南、辽宁、四川、重庆、湖南等	使物种单一化，侵入农田，影响植被的自然恢复过程

“紫色恶魔”——凤眼莲

被称为“恶魔”的凤眼莲，就是我们俗称的“水葫芦”，已在全球水域肆虐繁殖。1884 年，原产于南美洲委内瑞拉的凤眼莲被送到了美国新奥尔良的博览会上，来自世界各国的人见其花朵艳丽无比，便将其作为观赏植物带回了各自的国家，殊不知繁殖能力极强的凤眼莲从此成为令各国大伤脑筋的“问题植物”。水葫芦在水面上采取了野蛮的封锁行为，遮住阳光，导致水下植物无法进行光合作用而死亡，从而引起水体生态的食物链断裂，导致水生动物死亡。同时，水葫芦占据了水域领地，阻碍了船只的自由穿行。不仅如此，水葫芦还有富集重金属的能力，它死后

凤眼莲（张莹 拍摄）

沉入水底形成重金属的高含量层，会直接杀伤那些底栖生物。在非洲，凤眼莲遍布尼罗河；在泰国，凤眼莲布满湄南河；美国南部沿墨西哥湾内陆的河流水道，也被密密层层的凤眼莲堵得水泄不通，这一水上绿化带摇身一变成了“拦路虎”，不仅导致船只无法通行，还导致鱼虾绝迹、河水臭气熏天；我国云南的滇池也曾因为水葫芦疯狂蔓延而被专家诊断为罹患“生态癌症”。

中国每年打捞水葫芦的费用多达5亿～10亿元，由水葫芦造成的直接经济损失接近100亿元。

小龙虾真的只是美味吗？

小龙虾一向是吃货的最爱，这种鲜红诱人的麻辣小龙虾常常出现在大排档里，可谁能想到它竟然是危害较大的入侵物种。

小龙虾，学名克氏原螯虾，属于节肢动物门甲壳纲螯虾科原螯虾属，原产于美国路易斯安那州，20世纪20年代末从长江地

小龙虾被制成美味“登陆”餐桌（王静 制图）

区登陆中国，在南京和安徽省滁州市附近生长繁殖，后沿长江流域自然扩散。经过了100多年的发展，如今在我国已形成了庞大的自然种群，几乎遍布除新疆和西藏以外的所有地区，华东、华南地区尤为密集。小龙虾已遍及内陆水域、低洼湿地和稻田，尤以排灌沟渠及鱼塘内最多，它的入侵对当地生态环境造成了巨大破坏。

小龙虾的适应能力极强，不仅可以忍受长达4个月的干旱，还可以忍受低盐度的水体，甚至可以爬行前进好几千米，这使得它可以迅速扩张、占领更大的生存空间。小龙虾喜欢做穴打洞，这些洞穴如果开在稻田田埂上，就会造成灌溉水源流失、土壤肥力下降，它们正是用这种方式将梯田糟蹋得千疮百孔，梯田的土壤结构被改变了，灌溉时渗水、漏水现象频发，即便是能再种植农作物，收成也会大幅缩减；若在堤岸上打洞，就可能形成管涌[①]，造成难以估量的经济损失。1998年长江爆发特大洪水，许多地段出现的险情就与小龙虾有关。更令人担忧的是，小龙虾极易携带细菌、毒素，其中以螯虾瘟疫真菌最为有名；小龙虾的食性广泛，会与当地淡水螯虾物种发生竞争，破坏当地稳定的食物链结构，威胁本土物种生存。

人们对美味小龙虾需求量的增大，促进了小龙虾养殖业的大

①管涌：在渗流作用下，土体细颗粒沿骨架颗粒形成的孔隙，水在土孔隙中的流速增大引起土的细颗粒被冲刷带走的现象。也称翻砂鼓水。

力发展。集约化养殖给人们带来了便捷、高效、优质的食物来源，于是自然环境中的小龙虾不再是人们捕捞的重点对象，小龙虾在野生环境下泛滥成灾。想要把小龙虾吃到濒危是不可能的了，我们只能一边享受着小龙虾的美味，一边对它们小心防范。

小龙虾仅仅是庞大的入侵物种群体中的一员。除了人们已经发现的入侵事件，在未知的角落里，不知道还有多少外来物种正在演变成为入侵者，而它们一旦入侵，可没有那么容易被驱逐。像互花米草，在上海市崇明东滩鸟类自然保护区，湿地保护专家与互花米草之间的正面战争持续了六七年之久，仅 24 平方千米的治理费用就高达 11.6 亿元。

蝴蝶效应

无论是无意还是有意引入的物种，当它侵入一个新的生态系统后就会慢慢地对该系统发生看似微不足道的改变，就如“蝴蝶效应”一样，生物入侵的“蝴蝶翅膀”轻轻扇动，久而久之会让当地生态系统变得危机四伏。让你意想不到的是，生物入侵除了影响生态环境外，也会给社会带来方方面面不可估量的损失。

农业方面

外来入侵物种对于农业上的危害最为明显，例如烟粉虱就是大田作物的主要入侵害虫，每年我国有面积高达数百万公顷的作物遭受其侵害，造成严重减产或绝收，它也被世界自然保护联盟列为全球100种最具威胁的外来入侵物种的首位。据统计，入侵的烟粉虱能够传播70多种病毒，其中危害性最大的是棉花卷叶病毒、番茄黄化花叶病毒、烟草卷叶病毒、马铃薯卷叶病毒等。现在，烟粉虱已经扩散至我国大部分地区。

林业方面

在生物入侵这场战争中，没有哪个国家可以独善其身，物种的自由迁移在边境线上时有发生，防不胜防。1979年，在我国辽宁省丹东市第一次发现了一种翅膀为白色的蛾子。这种蛾子名叫美国白蛾，原产于美国，已被列入首批《中国外来入侵物种名单》。美国白蛾于1961年先传入了朝鲜，此后借助自然扩散，从朝鲜传入了我国。

美国白蛾具有极高的适应能力，它能生活在－16～40℃的环境中，即便在没有食物的情况下，依然可以存活10～15天。它的繁殖能力极强，平均一次产卵300～900粒，最多的时候可达1900粒。也就是说，1只美国白蛾1年后的后代就可以达到几十万只，因此，即使在一次大规模的防治结束后仅有几只“漏网之鱼”，它也会死灰复燃，引发未来下一次灾难。美国白蛾的食性非常广泛，对各种林木都会造成危害。它们不但取食树叶，连树皮都不放过，而且其幼虫也是十足的“大胃王”，会严重影响林木生长，同时也会造成农作物减产，甚至颗粒无收。国家林业和草原局发布的2021年美国白蛾疫区公告显示，我国13个省、市、自治区的数百个市、区、县、旗已被列为疫区。

畜牧业方面

一些外来入侵生物会与当地的牧草竞争生存空间，或因其毒性而直接危害牲畜，对畜牧业造成危害。紫茎泽兰就是典型代表。据估计，紫茎泽兰占据牧草的生长空间，致使草场退化、牧草产量降低、牲畜饲草料缺乏。并且，牲畜误食其茎叶后，会生病甚至死亡。据统计，紫茎泽兰对中国畜牧业和草原生态系统服务功能每年造成的损失十分巨大，在首批《中国外来入侵物种名单》中，紫茎泽兰名列第一。

人类健康方面

40 多年前传入中国的豚草，其花粉会导致“枯草热”，对人体健康造成极大危害。每到花粉飘散的 7 ~ 9 月，过敏体质的人因为吸入或接触到豚草花粉而引发哮喘、打喷嚏、流鼻涕，甚至引起其他并发症而导致死亡，给人们带来医疗资源损失和健康威胁。

科学家的研究表明，生物多样性较低的地区受到入侵后，外来物种定居和传播的可能性比生物多样性较高的地区更大。而入侵者强大的传播能力，对生物多样性的破坏更是致命的。一些入侵者本身就是病毒或者传染疾病的携带者，它们不但作为竞争者抢占本土物种的可使用资源，还能够作为传染源在整个生态系统中的其他环节产生负面影响。所以，保护生物多样性的重中之重就是防止外来物种入侵。

为维持生态系统平衡发展，保护我国生物多样性资源及经济不受影响，防止生物入侵的工作已势在必行。

2020 年 10 月 17 日，中华人民共和国第十三届全国人民代表大会常务委员会第二十二次会议通过了《中华人民共和国生物安全法》，并于2021年4月15日正式实施。这是我国第一部以维护国家安全、防范和应对生物安全风险、保障人民生命健康、保护生物资源和生态环境、促进生物技术健康发展、推动构建人类命运共同体、实现人与自然和谐共生而制定的法律。

《中华人民共和国生物安全法》总则中明确提出“防范外来物种入侵与保护生物多样性”，为保护我国的生物安全，防治今后生物入侵提供了法律保障。

第五章　生死存亡的抉择

——濒临灭绝的生物种类

人类的生存和社会的发展离不开生物多样性，无论是微小的细菌，还是令人生畏的爬虫，在地球生物圈中都占据着自己特定的生存领地，在生态系统的食物网中环环相扣、彼此联系。任何生物都可能是维持生态系统平衡的关键因素，更是生态系统正常运转、保持稳定的基石，一旦它们遭遇后继无嗣的威胁，就可能带给局部地区或整个生态系统不可避免的危机。

我们不是局外人

地球上如此多种多样的生物都来源于40多亿年前海洋深处的有机生命体，包括约230万年前由猿人进化而成的真正意义上的人（人属）。在这个漫长的岁月中，无数生物陆续登场，上演着海、陆、空轮流称霸的历史大剧，也毫无意外地伴随着生物的演化和一些物种的消失。透过古生物化石，我们看到这些关于生命的记载，洞悉了其中的奥秘，也不难明白物种在某些特定条件下会发生自然灭绝的现象。

如今的地球正处于人类唱主角的时代，随着科技的发展，人类的活动领地在不断扩张，对其他生物的栖息地产生了不容低估的影响，有些地方甚至出现了“走人类自己的路，让其他生物无路可走”的霸道状态。

受到人类活动的影响，全球物种的灭绝速度比原本自然状态中高出了许多倍。我们很难弄清楚，一种生物是因为人类活动的直接后果而消失的，还是因为它所依赖的物种被人类消灭所导致的，但无论是哪种，人类都是始作俑者。

事实上，曾经与人类共处同一时代的某些物种早就已经悄然退出了历史舞台，成为永久封存的记忆，还有一些物种正在消失。也许有人会说，消失一些生物对人类并没什么影响，其实不然，无论现在或未来，我们并不是局外人。因为在地球生物圈里，任何生物的消失都有可能引发不可预见的连锁反应，生物多样性的流逝和生态系统的持续退化，对人类的福祉和生存必然产生深远的影响。

统计显示，1970—2016 年，全球各地区生物多样性指数平均降幅非常大，数据如下图所示：

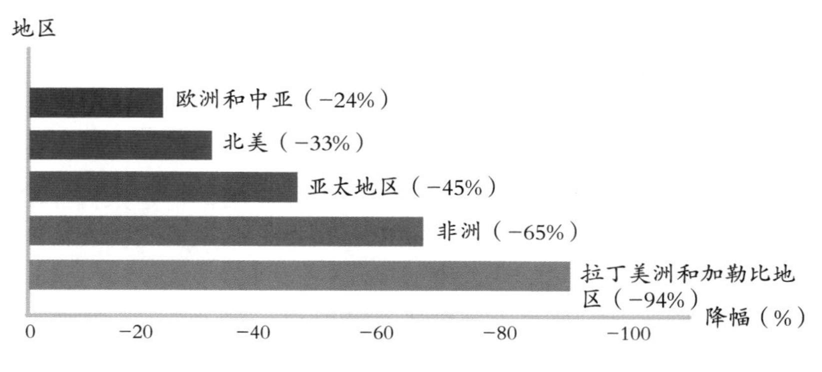

全球各地区生物多样性下降指数（王静 制图）

其中，拉丁美洲和加勒比地区的生物多样性指数下降幅度最大，高达 94%。经分析，当地爬行动物、两栖动物和鱼类数量的大幅减少是导致该地区生物多样性急剧下降的主要原因。这些濒临灭绝的物种岌岌可危，一个个历经磨难的生命反复提醒人类去思考，我们不得不直面它们所遭遇的不幸，以及对生物圈的影响。

无言的悲鸣

所谓沧海桑田，东海扬尘，无数次的地理环境演变与久居食物链顶端的人类，都不可避免地给许多生物造成了难以弥合的伤害，尤其是那些因人类发展而遭遇不幸的物种，它们生活的艰难境遇值得我们反思。

民谣有云："我从山中来，带来兰花草，种在校园中，希望

市场上售卖的兰花（王静 拍摄）

花开早……”这是人们与大自然花草的亲密见证，也是人与自然和谐相处的美好画面。兰花作为中国传统文化中的“四君子”之一，素为文人雅士所喜爱，人们对美好生活的向往实实在在地寄情于自然山水之间，兰花草可轻易采得，也可种草明志伴身。

到了近代，一些以文化作为焦点的投机者，投民众之所好，将少见的兰花品种炒成了天价，一时间“炒兰热”引发了“采兰大军”近乎疯狂的采挖行为，将兰花推上了风口浪尖。兰花贩子们起初因为专业知识不足，难于辨识野外品种，而为觅得一株奇花售出高价，不惜进行地毯式搜索，抱着“宁可滥挖千株，也绝不放过一棵野生兰花”的执念，使许多野生兰花遭到了毁灭性打击。如今山中风景依然，昔日君子之颜怕是再难轻易觅得。

走出中国，放眼全球，一份来自国际研究小组的观察报告将1478种仙人掌纳入了人们的视野。这种满身长刺，可以顽强生长在干旱贫瘠土地的植物，因“好养耐活”，一直都是喜欢偷懒又爱养花之人的首选植物。可谁也没想到，报告中竟然指出：由于城市扩张、工业发展等原因，造成全球干旱地区仙人掌的数量急剧减少，从北美到南美的仙人掌栖息地面临着枯竭的风险。更严重的是，灭绝风险并不局限于某一两种特定的仙人掌，而是涵盖了所有仙人掌的种类。路透社报道：干旱地区农场种植面积减少和非法贸易的过度采摘，使全球近30%的仙人掌种类正面临着灭绝。这对植物的多样性来说无疑是一场不小的灾难。

市场上售卖的仙人掌（王静 拍摄）

你以为只有植物才有这样的窘迫现状？并不是。一只只倒在博茨瓦纳的大象控诉着人类贪婪的原罪。

象牙因其材质温润细腻、色泽特别，长久以来都被作为高档装饰品。对于象牙的需求，使数以万计的大象逃不出盗猎者的围捕。盗猎者为追求利益最大化，在攫取时不仅满足于眼睛所看到的象牙部分，更有甚者还贪恋埋藏在大象头颅内的另外1/3象牙。盗猎者为了收获更多，往往不惜杀鸡取卵、竭泽而渔，使用残忍的方式将大象的面部砍下，以获得完整的象牙。大象通常是群居生活，这也就意味着整个象群会同时被盗猎者发现，这对大象来说无疑是一场灭顶之灾。盗猎者偷猎后，那些被砍掉脸的大象七零八落地散落在草地上，尸横遍野的真实景象惨不忍睹。

博茨瓦纳被砍下面部的大象

据统计，2018 年以前，非洲每年有约 3 万头大象被猎杀。有报道称，2014—2018 年间，博茨瓦纳北部地区被偷猎的大象数目大约增长了 593%；仅 2017—2018 年的 1 年之间，就大约有 400 头大象被残杀。目前，亚洲象仅存不到 300 头，它们小心翼翼地生活在亚洲南部和东南部的热带雨林、季雨林地区。

如果狭义地认为象牙是雄性亚洲象、非洲象、猛犸象的獠牙，那么广义的象牙制品原料来源可以是河马、野猪、海象、鲸等动物的獠牙、牙齿。为了追求高额回报，盗猎者们不会放过任何毁

缴获的象牙（张伟 拍摄）

灭式掠夺的机会。

被残害的野生动物远不止这些，还有被锁在笼子里、被圈养在马戏团里供人们取乐的猴子。与人类同为灵长类动物，它们却生活得如此卑微。以小尾猕猴为例，这种猴子曾群居在东南亚的森林中，那里茂密的树木是它们赖以生活的家园，随着人类对木材的大量需求，大片森林资源被破坏，小尾猕猴失去了曾经赖以生存、安宁祥和的家园。因栖息地被毁，缺乏食物来源，它们便不得不进入当地人的农业耕种地带。原本的平静被破坏，当地人对它们这种破坏农作物的“入侵行为”深恶痛绝，于是成年猴子被射杀，而种群里的小猴子则被抓住、监禁。

被驯养的猴子孤立无助的眼神

原本它们与人类井水不犯河水，享有自由生活的权利，却因人类活动背负起了伤痛。

走鹃，一种主要分布在北美沙漠地带的鹃形目杜鹃科鸟类，在漫长的演化过程中，这一物种早已丧失了长距离飞行的能力，取而代之的是快速奔跑，它们的奔跑速度甚至可以达到每分钟500多米，通常在奔跑后会有短距离滑翔，但广阔的天空再也不是它们所能企及的。自从美墨边境竖起了高墙，面对人类筑建形成的高大屏障这种降维打击，这些世世代代生活在旷野中的鸟傻眼了。于是便有了这张耐人寻味的照片：一只走鹃驻足而立，怅然若失地张望着阻隔去路的美墨边境墙。这个边境墙不仅阻断了走鹃的去路，也“成功地”穿越了北美物种最丰富和多样化的地区，

被边境墙困住的走鹃

阻挡了该地区野生动物交流的通途。

看似微不足道的变化，对生物圈带来的影响却是人类无法预计的。这些被人为隔开的动物们，在回家的路上究竟需要付出怎样的代价？这样的人为干扰，在若干年后又会对它们的族群带来怎样的演化结果？

除了上面这些因人类行为而直接导致的生物种类减少外，还有很多间接的受害者，其中，北极熊就是最好的代表。

近年来，由于全球变暖，导致北极海冰快速融化，许多动物已无法继续生存在它们世世代代生活的环境中，造成北极熊的食物来源迅速减少。为求生存，它们被迫前往海岸地区寻找食物以延续生命并哺育幼崽。另外，北冰洋上的海冰是北极熊的栖身之所，可随着冰块的融化，北极熊能够立足的冰面越来越小，它们不得不长时间泅渡在海水中，饥饿和疲倦成为威胁北极熊生存的主要原因。据推测，如果北极海冰融化的情况得不到改善，到

在水中寻找浮冰的北极熊

2040 年，许多北极熊都可能会面临繁衍的棘手问题。北极熊“子嗣”的减少迫使种群数量降低，这一物种极有可能在不久的将来面临灭绝的风险。

不要认为这是耸人听闻，其实生物因人类的活动而灭绝的事件一直悄无声息地在地球上发生着。

1681 年，一种仅产于非洲岛国毛里求斯的鸟类——渡渡鸟——在该岛上消失了。这是一种不会飞翔、体型大过天鹅的巨型鸟类，自从在毛里求斯岛上面定居的欧洲人发现这种鸟吃起来很香之后，它们的噩运就开始了。1681 年，那个岛上再也没有发现活着的渡渡鸟了。奇怪的是，渡渡鸟灭绝后，与它一样是毛里求斯特产的珍贵树木——大颅榄树也渐渐稀少。到 20 世纪 80

年代，毛里求斯只剩下13株大颅榄树，这种名贵的树眼看就要从地球上消失了。1981年，美国生态学家坦普尔来到毛里求斯研究这种树木。这一年，正好是渡渡鸟灭绝300周年。坦普尔细心地测定了大颅榄树年轮后发现，最晚的大颅榄树的树龄正好是300年。也就是说，渡渡鸟灭绝之日，也正是大颅榄树绝育之时。原来，渡渡鸟喜欢吃大颅榄树的果实，并将消化后的大颅榄树种子传播在岛上，渡渡鸟和大颅榄树相依为命，它们一荣俱荣、一损俱损。正是人类的行为使渡渡鸟灭绝，实际上也扼杀了大颅榄树的生机。

渡渡鸟标本

1883年，生活在非洲草原地带的野生斑驴由于人类的猎杀而被宣布灭绝。斑驴肉质鲜美，且出肉量高，一直是非洲人主要猎食的对象。19世纪初期，欧洲人的到来更是给斑驴的生存带来了致命性打击。他们并不像当地人那样喜食斑驴肉，而是看中了斑驴亮丽的皮毛。他们大量猎杀斑驴，剥下皮做成标本运回欧洲市场出售。这些标本备受欢迎，使

斑驴

得斑驴的数量进一步大量减少。到了 19 世纪 70 年代，野生斑驴已经所剩无几了，这时欧洲人就捕捉活斑驴运到欧洲，试图人工饲养繁殖。到了 1880 年，人们再也捕捉不到野生斑驴了，而运到欧洲的活斑驴也因不适应生存环境，一个接一个地死去。

1914 年，一种热爱旅行的鸽子——旅鸽——被正式宣布灭绝。这种鸽子分布于北美洲的东北部，它们会在秋季向美国佛罗里达州、路易斯安那州和墨西哥的东南方迁徙。在欧洲人到达北美大陆之前，北美洲有多达 50 亿只旅鸽。17 世纪后，由于其肉价低廉，所以常常出现在人类餐桌上。短短 200 多年间，它们的数量持续下滑，直到最终被捕杀殆尽。

旅鸽

1923 年，分布在非洲撒哈拉沙漠以南的开阔草原和灌木地区的红麋羚非洲北部亚种被宣布灭绝。红麋羚曾经数量庞大，但由于人类的滥捕滥杀和栖息地被掠夺，现在已经不见踪影了。

1936 年，曾经广泛生活于澳大利亚和新几内亚的袋狼被宣布灭绝。当地牧民为保证羊群的平安，对袋狼进行长期、大量的捕杀，结果

袋狼

使得这种和袋鼠一样身上长着袋子、体型最大的有袋型动物永远从地球上消失了。

1973年，美国《濒危物种法》正式宣告特科帕鳉灭绝。特科帕鳉最初于1948年在北提可巴温泉被发现。20世纪五六十年代，当地温泉被开发为旅游度假区，特科帕鳉的生存环境遭到了极大的破坏。

特科帕鳉

1983年，爪哇虎被宣布灭绝。它曾经是一种数量最多的虎类，但是随着人口增加及活动范围的扩大，爪哇虎的栖息地越来越小，许多爪哇虎死于毒杀或捕猎，最终它们也消失了。

1989年，一种曾大量生活于哥斯达黎加热带雨林的全身金黄色的蟾蜍——金蟾蜍，由于全球变暖，加上雨林遭到污染，最终被宣布灭绝。

2011年11月10日，世界自然保护联盟宣布西部黑犀牛灭绝。西部黑犀牛也叫西非黑犀牛，曾经广泛分布在非洲中部和西部草原上，这种犀牛的角更大，且是双角犀牛。自20世纪开始，由于市场对犀牛角的需求量大增，导致了大量的犀牛被猎杀，西部黑犀牛更是盗猎者主要的追逐对象；到了20世纪末期，该物种已经十分罕见；2006年，野外的黑犀牛已经被认为消失了；今天，它们已经成灭绝物种。

西部黑犀牛

2022 年 7 月 21 日，世界自然保护联盟宣布白鲟灭绝……

白鲟

诸如此类的灭绝事件屡见不鲜，并且还在继续着。

近年来，人们对生物保护日趋重视。2019年，英国皇家植物园科学团队率先发表了全球分析报告，指出，自1750年以来，人类对自然的破坏已造成571种植物灭绝，并强调这个数字仅是出于人类的现有认知，实际可能会超出这个统计数字。

其实，自工业化时代以来，地球物种灭绝的速度早已超出了自然灭绝率的1000倍，在过去的500年中，大约已有1000个物种灭绝。除了这些令人震惊的数字外，世界自然保护联盟的报告显示，有593种鸟、400多种兽、209种两栖爬行动物、1000多种高等植物正处于灭绝的边缘！

这些动物灭绝的惨烈事件和触目惊心的数据，使人们不得不

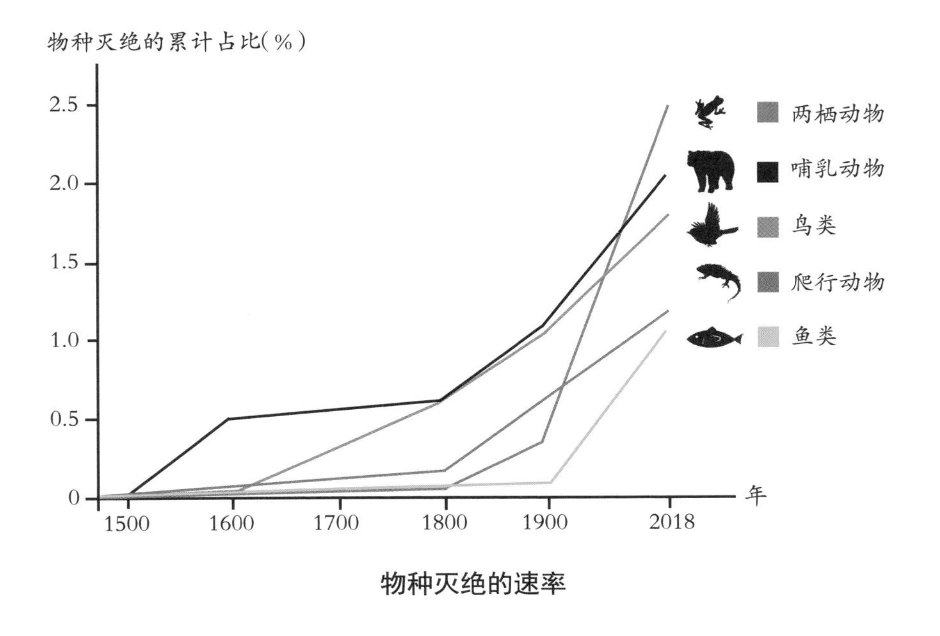

物种灭绝的速率

正视一个问题：在人类文明的面具下，难掩地球生态系统的加速衰退，扯掉“文明”和“发展”的遮羞布，人类自己也正置身于这场危机当中！

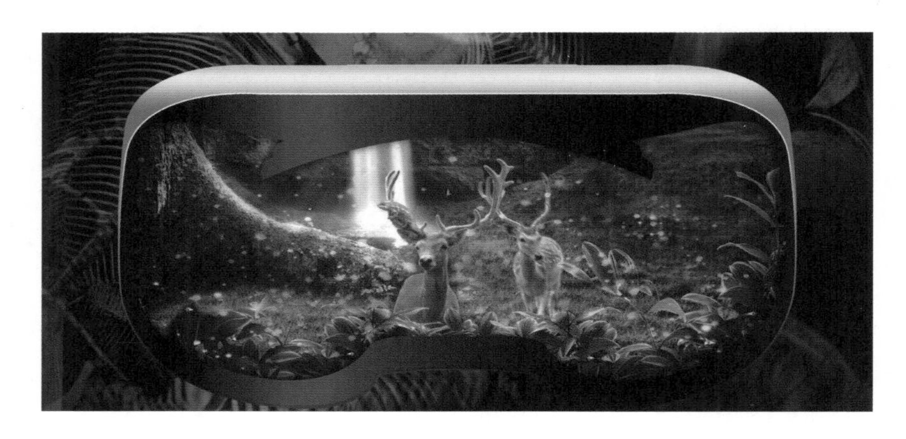

别让这些生命只存在于虚拟中

下篇

生物多样性保护我们在行动

生物多样性保护的紧迫性得到了社会各界的关注，从国家到个人都有意识地参与到生物多样性保护的行动当中。

国际和国内科研机构、公益组织及国家层面上对于生物多样性保护做了很多具体工作，其中包括大量的成功案例，以及取得的阶段性成果。保护生物多样性和生态系统多样性已经成为生态文明建设的重要内容。

第六章　保护迫在眉睫

——行动的准则与依据

人类为了自身发展不断地改变着周边环境，这些改变，目前看起来使我们的生活繁荣、便捷，然而在综合考量所有利弊因素之后，它是否还能被称为“有益的改变”？最初，人们因为敬畏神明而自发地保护生态环境；后来进入工业社会，人们被追逐眼前利益而蒙蔽了双眼，看不到生态环境被破坏所造成的滞后影响，进行了长时间的毁灭性掠夺，造成很多物种的种群数量急剧减少，甚至濒临灭绝；随着物质生活的不断丰富，生态环境破坏的滞后结果不断显现，人们开始意识到：只有以保护为前提的发展，才是继续更好生存的基础。于是，哪些物种需要保护，为什么要保护，濒危动植物的界定及评级标准是什么，中国在动植物保护方面都有哪些具体行动，保护依据是什么，这些问题成为实施生态环境保护的先驱问题。

加速的灭绝与环境恶化

当下，我们正面临着物种加剧消失的现实，很多物种的种群数量都在急剧减少，甚至濒临灭绝。造成灭绝的原因多种多样，有些属于物种的自然“淘汰”，有些则是因为气候或是环境变化带来的种群危机，而瞬息万变的外界环境和某些突发事件，往往会加速某些物种的灭绝。

不可否认的是，由于栖息地环境遭到破坏而造成的种群数量减少或濒临灭绝的现象，大多数是与人类的活动密切相关的。换言之，人类活动已经对周围的野生动植物，甚至对整个地球的脉动产生了不同程度的影响，而这些影响，也以不同的形式“反馈”给人类自己，形成一个循环。

自从生命诞生以来，物种大灭绝现象已经发生过 5 次。

第一次物种大灭绝发生在距今 4.4 亿年前的奥陶纪末期，大约有 85% 的物种灭绝。

第二次物种大灭绝发生在距今约 3.65 亿年前的泥盆纪后期，海洋生物遭到重创。

第三次物种大灭绝发生在距今约 2.51 亿年前的二叠纪末期，

是地球史上最大、最严重的一次，有96%的物种灭绝，其中90%的海洋生物和70%的陆地脊椎动物灭绝。

第四次物种大灭绝发生在距今1.85亿年前，80%的爬行动物灭绝了。

第五次物种大灭绝发生在距今6500万年前的白垩纪，也是大家所熟知的一次，统治地球年达1.6亿年的恐龙灭绝了。

前5次物种大灭绝主要是因为地球还在进行着“舒展运动”，它还未从一个桀骜不驯的孩子彻底转变得成熟稳重，由此而产生的地质灾难和气候变化等因素造成自然“淘汰”。例如，第一次物种大灭绝是由全球气候变冷造成的；第五次物种大灭绝，根据科学家们的推测，是因为小行星撞击地球导致全球生态系统的崩溃。

那些经历了前5次大灭绝还依然健在的生物们，经历了长期的演化和分支，存活至人类文明出现，然而人类在终于能够将它们记录在册时，又充当起刽子手的角色。当下，我们正经历着由于人类活动而造成的第六次物种大灭绝！

《科学》杂志上发表的一篇英国野生动物调查报告称：在过去40年中，英国本土的鸟类种类减少了54%，本土的野生植物种类减少了28%，而本土蝴蝶的种类更是惊人地减少了71%。有统计数据显示，全世界每天有75个物种灭绝，也就是说平均每小时就有3个物种灭绝。

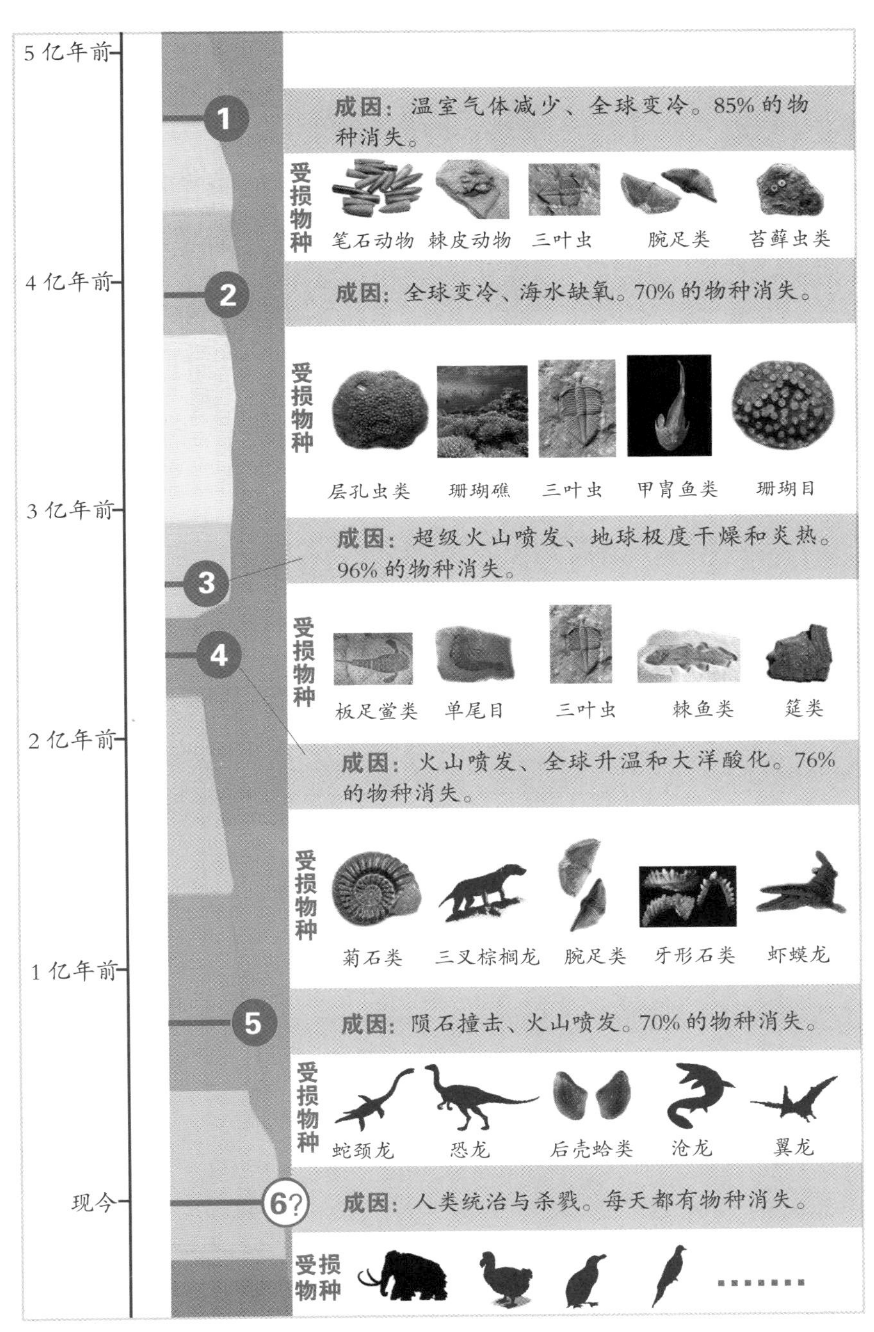
5亿年前
4亿年前
3亿年前
2亿年前
1亿年前
现今
1
成因：温室气体减少、全球变冷。85%的物种消失。
受损物种
笔石动物 棘皮动物 三叶虫 腕足类 苔藓虫类
2
成因：全球变冷、海水缺氧。70%的物种消失。
受损物种
层孔虫类 珊瑚礁 三叶虫 甲胄鱼类 珊瑚目
3
成因：超级火山喷发、地球极度干燥和炎热。96%的物种消失。
受损物种
板足鲎类 单尾目 三叶虫 棘鱼类 筵类
4
成因：火山喷发、全球升温和大洋酸化。76%的物种消失。
受损物种
菊石类 三叉棕榈龙 腕足类 牙形石类 虾蟆龙
5
成因：陨石撞击、火山喷发。70%的物种消失。
受损物种
蛇颈龙 恐龙 后壳蛤类 沧龙 翼龙
6?
成因：人类统治与杀戮。每天都有物种消失。
受损物种
……

六次生物大灭绝

这些，都与人类活动和全球气候变化[①]有着密不可分的联系。

与人类相比，动植物的生态位[②]要狭窄得多，很多动植物甚至只能在一定的条件下存活。比如绿绒蒿，只能生长于海拔3000 ~ 5000米的雪山草甸地区，这使得它们对环境条件要求极为苛刻。因此与人类相较而言，生态位狭窄的动植物对于环境条件具有比人类更高的敏感性，它们会感知正在发生的变化，并已经在调整着自己的生存策略，而气候变化本身也以各种方式在地球上刻下烙印。

以温室效应为例。自工业革命以来，人类一直在向大气中排放二氧化碳等气体，大气的温室效应也随之增强。温室效应会引起全球气候变暖，并打破原有自然界生态系统平衡，带来一系列极其严重的问题，引起了全世界各国的关注。可是，人们真的了

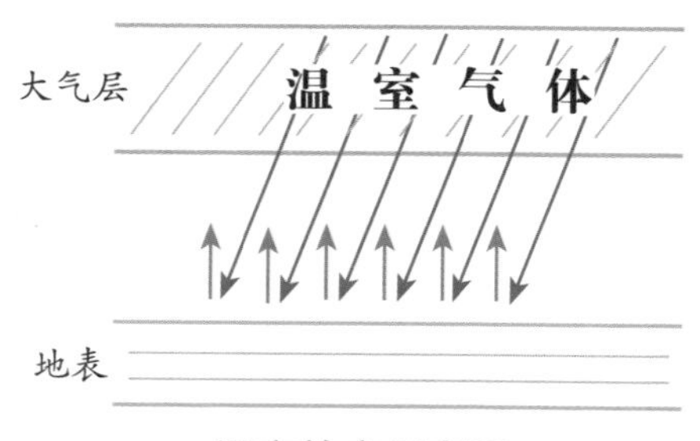

温室效应示意图

①全球气候变化是指在全球范围内，气候平均状态统计学意义上的巨大改变或者持续较长一段时间（典型的为30年或更长）的气候变动。

②生态位是指一个种群在生态系统中，在时间空间上所占据的位置及其与相关种群之间的功能关系与作用。表示生态系统中每种生物生存所必需的生境的最小阈值。

解全球气候变暖所带来的危害吗？

全球气候变暖并不只是温度升高那么简单。

全球变暖带来最直观的结果就是一些内陆地区出现了沙漠化，还有一些地区更加高温、干旱、缺水，继而增加引发山火的风险。每年关于山火的新闻报道屡见不鲜：2019 年 9 月开始的澳大利亚山火持续燃烧了 5 个月之久，不仅造成了 12 亿动物

山火产生大量烟云给动植物带来灭顶之灾（吴占杰 拍摄）

的死亡，还排放了大约4亿吨的二氧化碳，据分析，这一数字已超过全球116个二氧化碳排放量最低国家的年排放量之和；2020年的美国加利福尼亚州山火也比往年更加肆虐。这些都会对全球气候造成极大影响，加剧温室效应，并带来一系列难以预计的危害。

温室效应、气候变暖还会导致地球两极的冰川加速融化。

2020年2月，科学家在南极洲测得20.7℃的创纪录高温。气温的升高更加剧了冰川融化，形成恶性循环。研究人员在对过去20多年来南极东部登曼冰川的消退情况进行分析后发现，其向内陆消退了大约4.8千米，累计减少了大约2680亿吨冰；北极的冰川主要以浮冰为主，会融化得更快，按照现在的融化速度估计，北极的浮冰将在50～100年内融化完。

冰川融化

冰川是地球上最大的淡水资源库，冰川融化，导致淡水资源锐减，而淡水是人类赖以生存的资源，其重要性不言自明。冰川融化带来的另一个直接后果是海平面上升，这会导致一些岛屿及沿海城市被淹没。有专家预测，在不久的将来，巴厘岛将不复存在，很多人将会失去家园。

另外，全球气候变暖还会引起洋流变化，每年都会出现飓风，而且次数越来越多。飓风从海面呼啸而来，对海洋运输、港口生产、人类生活带来毁灭性打击，甚至有人因此而丧命。风暴过后，一片狼藉。

飓风过后一片狼藉

温度的升高还会影响植物的生长周期。随着全球气候变暖，树木的生长季节开始的时间会越来越早，结束的时间会越来越晚，其中一些对温度敏感的植物可能会因为温度变化导致生长周期出现异常，难以继续生存。比如可可树，它为我们最常见的零食——巧克力——提供了原料，可可树的种植对环境温度要求非常高，它通常并不怕热（它倒是相当怕冷），温度上升一两度似乎并不会伤害到它。但事实上，持续升高的温度对可可树也一样是件坏事，温度升高让水分蒸发过多，如果没有相应充足的降雨来补充，会导致原本的种植地变得不再适宜种植可可树。现在，因为全球气候的变化，印尼和非洲的可可种植者已经被迫转向种植棕榈树和橡胶树。再比如，作为人类重要的淀粉来源——土豆——更容易因为全球变暖引起的干旱和高温酷热而减产。据英国媒体报道，由于 2018 年夏天的高温，全国土豆减产了 1/4。

除此之外，鱼类、贝类也会受到气候变暖的威胁。

海洋温度升高会导致海水总量下降，海水吸收了大量的二氧化碳，引起海水酸化，贝类在这种环境下难以生长。另外，地球上的一些两栖类动物性别是由气温决定的，比如鳄鱼、海龟，它们对温度的变化十分敏感，如果海龟蛋周围的温度过高，孵化出的海龟性别平衡就会偏向雌性。2018 年，在澳大利亚的大堡礁地区，所有的绿海龟都是雌性，这无疑对其种群的发展是不利的。更糟糕的是，如果环境继续恶化，沙子温度继续升高，海龟蛋就

在坦桑尼亚斯瓦希里海岸滩上孵化的绿海龟

可能直接在巢穴里“变熟”，无法孵化……目前，绿海龟已经成为濒危物种，且数量急剧减少。长此以往，后果将不堪设想。

还有，北极永久冻土中有一些嗜冷微生物，它们可以长时间在0℃以下的低温中存活，由于全球变暖，永久冻土会在夏季融化，在冬季再次冰冻，而那些嗜冷微生物的细胞结构极可能在冻融循环[①]中被破坏、分解，最终导致这些物种灭绝。

更令人担心的是，冰川融化会使一些尘封在其中的古细菌重见天日，而它们一旦进入生物圈，后果无法想象。事实上，这种

①冻融循环：温度在0摄氏度以上时间较长，结构体表面冰霜融化成水，水分将通过结构表面的孔隙或毛细通路向结构内部渗透，当温度降低至0摄氏度以下时，水结成冰，产生膨胀，膨胀应力较大时，结构便会出现裂缝，受到破坏。

事情已经发生了。

2016年发生的永久冻土融化给西伯利亚带来了一场疫情，这场疫情的罪魁祸首就是炭疽杆菌，它在休眠很久后重回活跃状态，造成了20万只驯鹿和1名儿童死亡，而炭疽杆菌在该区域至少已经销声匿迹了75年。

2019年，来自美国阿拉斯加的研究团队报告了一种能够导致皮肤病变的阿拉斯加痘，该病毒与曾使上亿人丧命的天花病毒同为正痘病毒属，这种病毒在2014—2019的5年内曾在阿拉斯加引发了两次悄无声息的感染。科学家们猜测，这种病毒起初是通过动物传人的方式在社区散播，但至今他们仍不清楚这种病毒的来源。

所以，从某一层面上来说，我们既是加害者，也是受害者。

微生物的世界非常庞大，其复杂程度远远超出人类的想象，我们迄今为止只了解了它们的1%还不到。这些未知微生物可能会引发流行病，而流行病的一个重要诱因和驱动因素就是人类生产生活带来的全球生态环境的变迁，其带来的后果可能是人类根本无法预测和承受的。

我们现在所面临的问题并不仅仅是全球变暖。导致生物多样性减退的原因有很多，这些原因造成的危害也不仅仅像“1+1=2”那样简单的叠加，它们甚至可能会成为彼此的催化剂，加速物种灭绝的进程。

我们都有一个常识，爬山时，海拔越高，温度越低，当海拔达到一定高度时，即使是夏季，也会有化不掉的冰雪。这些夏天都化不掉的冰雪所在的最低高度就是地理学上的一个概念——雪线。在气候稳定的情况下，一座山的雪线位置不会有大的改变，但是，当气候变暖时，这座山的雪线位置就开始上移，这就意味着冰雪储存量在逐渐减少，那些依靠冰川融雪为补给的河流将会断流。那么，作为河流生态系统的一分子——鱼、虾、水生植物、浮游动物、藻类等也会消失，其中不乏一些特有种①。在这期间，人类任何“出格”的活动，如围河造田、排放污水、森林砍伐……都会是河流消失和物种消亡的加速器。

夏季的雪山上仍有冰雪覆盖

①特有种是指由于历史、生态或者生理等原因，一些只在某一特定的环境中生存的物种，这些物种一旦在本地消失，就意味着灭绝。

自然的退化、环境的破坏并不只是一个单纯的生态问题，它还与人类社会的经济生活、公共医疗等息息相关。生物多样性和生态系统对人类进步和整个人类社会繁荣发展起到至关重要的作用，生物多样性的破坏和生态系统难以修复的恶化，更有可能加剧地缘政治紧张，从而引发矛盾冲突。生物多样性丧失就好像潘多拉魔盒，一旦打开，一切后果只能由人类自己承担。

地球上这些丰富多样的生物见证着地球生命的脉动，是地球生命活力的体现，反过来，也证明着时间的意义。以时间为前进轴，任何事物的发展都无法按下暂停键，大自然已经为我们敲响了警钟！面对强大的自然力量，人类必须明白，也必须明确：只有以保护为前提的发展才是生存的基础。

生态系统重在平衡

我们现在所拥有的生物圈，是地球在经历了亿万年生命更迭后才逐渐趋于平衡，才成为人类赖以生存和可持续发展的美丽家园。生物圈内的生物多样性程度决定了气候调节、物质循环等方面，是人类社会进步和发展的保障，因此，保护生物多样性使生态系统保持平衡，就是保护我们人类的生存和发展。

生态系统是一个精密且有机综合发展的整体，任何一个环节遭到破坏都可能造成整个系统无法弥补的损害。随着城市化扩张和工业化进程加剧，人类与野生动物发生领地冲突，人畜共患病及流行性疾病也一次次挑战着全球公共卫生体系的应对能力……很多事情的发生和推进，往往在开始之后，就已经不以人类的意志为转移了，常会以连锁反应的方式带给世人不可预见的后果。

人类面临着既要发展，又要保护的两难局面。保护生态环境，处理好保护与利用之间的关系，树立绿色发展的观念、保护生物多样性就是保护我们人类自己的先进理念正在不断深入人心，在生态系统保持平衡的前提下合理发展逐渐成为人类的共识。

目前，很多国家对于发展和保护的模式进行了多方探索，有专家提出了一个创新的保护理念——“第二自然”，就是建立一个人与自然和谐共享的“新世界”；还有专家提出，将人烟稀少、欠发达的地方划定为保护区，把人与自然割裂开来，从而保护当地的生物多样性。同时，还需要把生物多样性保护的重点转移到人口稠密的城镇地区，综合、全面地进行生物多样性保护的宣传和教育，让每一个人都能意识到：保护地球家园里的每一个生物，防止生物多样性丧失是与自己息息相关的，对于生物多样性的保护，不再是谁的责任和义务，我们赖以生存的地球自然环境的好坏，反映出我们每个人对待它的态度。

以系统、科学发展的视角出发，借助科学的技术和方法，摒弃主观上的种种计较和狭隘，让自然生态向好的方向发展，维护我们共同的家园，每个人都做到善待自然、敬畏自然，付出的努力终将汇聚成波澜壮阔的大海，使生态系统得到平衡发展。

行动的标尺

经历了数十年的宣传、教育，在我们当前所处的时代，谈到保护生态、保护环境，应该没有人会反对。我们深知，环保这一观念能根植于人心实在不易。尽管一些团体可能会为了眼前的利益去干一些有悖于生态环境保护的事情，但是，这些现象正在国家与人民的努力下日渐消除。

既然全人类有了共同的目标，那么，只有明确什么该保护、为什么保护，保护，这个善意行为才会更有效率，事半功倍。保护等级和标准的确定，就像一座灯塔，给人们指引方向，成为人们行动的标尺。

《IUCN 红色名录》

早在 1948 年，在法国枫丹白露就正式成立了世界自然保护联盟（简称 IUCN，该组织于 1976 年成为联合国教科文组织世界遗产名录中世界自然遗产的唯一评估机构）。为了明确并有效地指导物种保护工作，该组织中的物种存续委员会及几个物种评估机构联合于 1963 年开始编制《世界自然保护联盟濒危物种红色名录》。截至 2022 年 9 月，IUCN 已有超过 1000 多个政府成员和非政府成员，对全球 147517 个物种进行了评估，并形成了《IUCN 濒危物种红色名录》，也就是大众经常听说的《IUCN 红色名录》，名录中评估了各物种种群受威胁的程度。这是全球动植物物种保护现状最全面的名录，也被认为是生物多样性状况最具权威的指标。名录对数以千计的物种灭绝风险进行评估，并将所有物种编入 9 个不同的保护级别，时刻警醒世人自然前进的方向。名录中的标准和评级可以用来评估全球各类生态系统的状况，在评定出某一物种的种群数量及保护等级后，可以依据名录将该物种的栖息地及分布范围作为自然保护地区域划定的依据。

《IUCN 红色名录》的评估标准会根据变化趋势和标注规范逐年进行完善，系统化地采用一系列量化标准，把物种分为灭绝

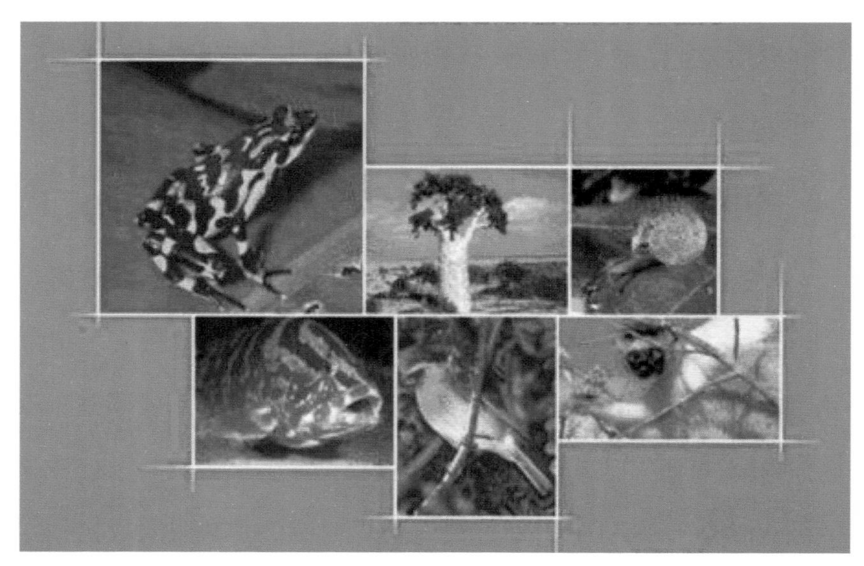

《IUCN 红色名录》里部分物种代表

（EX）、野生灭绝（EX）、极度濒危（CR）、濒危（EN）、易危（VU）、近危（NT）、无危（LC）、数据缺乏（DD）、未评估（NE）9类。另外，当评估不是在全球层面而是地区层面

《IUCN红色名录》评估量化标准表

IUCN等级	英文缩写	定义
灭绝	EX	一个类群的最后一个个体被认定为已经死亡，则该物种绝灭。适当的时间，在所有该物种的历史分布区进行深入调查，均未记录到任何个体，可认为该物种灭绝。调查应在与该物种生活周期和状态相匹配的时间范围内进行
野生灭绝	EX	当一个物种仅在培植、养殖、归化种群中存活，完全在其既往分布区之外，则被认为野生灭绝
区域灭绝	RE	如果一个物种在某个区域内的最后一个个体已经死亡。则该物种已经“区域灭绝”
极度濒化	CR	所有已知资料表明该物种面临在野外灭绝的极高风险
濒危	EN	所有已知资料表明该物种面临在野外灭绝的很高风险
易危	VU	所有已知资料表明该物种面临在野外灭绝的高风险
近危	NT	评估表明该物种不满足极度濒危、濒危、易危（这3类合称受威胁）的标准，但接近满足，或在不久的将来很可能满足受威胁等级
无危	LC	评估表明该物种不满足极度濒危、濒危、易危或近危的标准
数据缺乏	DD	没有足够的信息基于其分布或种群状态对其灭绝的风险进行直接或间接评估
未评估	NE	尚未进行评估

时，还会补充采用区域灭绝（RE）这一等级。

这些等级依次从高到低代表着物种的危险程度，是综合考虑、评估种群数量下降、地理分布范围、破碎化程度、波动情况、灭绝风险等因素后确定的。极度濒危、濒危和易危 3 个等级的物种合称为受威胁物种，2020 年，这 3 类物种占评估物种总数的 26.9%，超过 1/4。这一惊人的比例，反映出地球生态系统已经面临严重的危机。经过几十年的发展完善，《IUCN 红色名录》已经成为全球的权威性物种评估名录，被世界上许多国家的政府、组织和研究机构广泛参考，用于评价物种的濒危程度，指导保护工作。

《IUCN 红色名录》会定期更新，而名录里级别的调整，可以反映该物种的保护状况。除此之外，各国政府参考《IUCN 红色名录》制定出各国自己的名录，并作为制定保护对策和措施的依据来评估物种保护管理效果。以大熊猫为例，为了保护大熊猫，我国投入大量人力物力，先后建立了 67 个自然保护区。从第四次全国大熊猫调查看，其野生种群稳中有升。鉴于此，2016 年，IUCN 将大熊猫从濒危降为易危，这也是国际社会对我国野生动物保护成就的充分肯定。

CITES 附录

《濒危野生动植物种国际贸易公约》（缩写 CITES）是根据

1963 年 IUCN 会员国会议通过的一项决议而起草的国际公约，旨在通过控制国际贸易来实现物种保护和可持续利用，避免因过度开发而导致物种濒危。1973 年 3 月 3 日，公约文本在美国华盛顿举行的会议上正式商定，1975 年 7 月 1 日起生效。

这是一部公认的有很强约束力的国际协定，目前已有 183 个缔约方（182 个国家和欧盟）。该公约将其管辖的物种根据国际贸易对这些物种的威胁程度分为三级，分别列入 3 个附录中，采取不同的管理办法，分别是附录Ⅰ、附录Ⅱ和附录Ⅲ，简称 CITES 附录，对国际贸易（包括以商业和非商业目的所进行的所有进出口活动）进行许可证管理。

CITES 附录与服务范围

附录Ⅰ：包括所有受到和可能受到贸易的影响而有灭绝危险的物种，禁止所有商业性国际贸易。

附录Ⅱ：包括所有那些目前虽未濒临灭绝，但如果有对其生存不利的利用和贸易行为，如不严加管理，就可能使其变成有灭绝危险的物种，以及为便于管理这些物种而被列入的相似种（称为“相似性原则”）。

附录Ⅲ：是任一缔约方认为在其管辖范围内应进行管理的，以防止或限制开发利用而需要其他缔约国合作控制贸易的物种。

附录Ⅰ和附录Ⅱ的修订需要经过缔约方大会讨论，2/3多数同意，并制定出严格的科学标准。附录Ⅲ的制定和修订可由缔约国自行提出，各国标准不一，我国就有专门的法律法规——《濒危野生动植物进出口管理条例》。

鉴于该公约的主要手段是控制贸易活动，因此，有的物种虽然极为稀有，但由于不存在国际贸易的威胁，就不会列入。公约的目标是实现自然资源的可持续利用，我们能看到允许对附录Ⅱ的物种进行有限度的利用，但严格管理贸易的规模和类型，人工繁育和培植的产品贸易也在管控范围。这就是为什么我们会看到鳄鱼、鹦鹉、桃花心木等物种出现在合法国际贸易中，因为这些物种涉及的贸易活动是当地居民重要的生计来源。

这些行动标尺的制定是人们保护生物多样性的前提，有了这些国际公约，既可以为人们可持续的生计提供保障，同时也可以更好地使政府和当地民众支持和参与到生物多样性的保护工作中。

CITES 附录物种数量表

		附录Ⅰ	附录Ⅱ	附录Ⅲ
动物	哺乳类	318 物种（包括 13 种群）+ 20 亚种（包括 4 种群）	513 物种（包括 17 种群）+ 7 亚种（包括 2 种群）	52 物种 + 11 亚种
	鸟类	155 物种（包括 2 种群）+ 8 亚种	1278 物种（包括 1 种群）+ 4 亚种	27 物种
	爬行类	87 物种（包括 7 种群）+ 5 亚种	749 物种（包括 6 种群）	61 物种
	两栖类	24 物种	134 物种	4 物种
	鱼类	16 物种	107 物种	24 物种（包括 15 种群）
	无脊椎动物	69 物种 + 5 亚种	2171 物种 + 1 亚种	22 物种 + 3 亚种
	动物合计	669 物种 + 38 亚种	4952 物种 + 12 亚种	190 物种 + 14 亚种
植物		334 物种 + 4 亚种	29644 物种（包括 93 种群）	12 物种（包括 1 种群）+ 1 变种
合计		1003 物种 + 42 亚种	34596 物种 + 12 亚种	202 物种 + 14 亚种 + 1 变种

注：表中为 CITES 涉及的物种数量，总计 35000 多种，其中植物 30000 多种，动物 5000 多种。95% 以上的物种属于附录Ⅱ。植物数量甚多，但其中最大的几个类群，如兰科植物就占了约 20000 种，仙人掌科约占 2000 种。

中国力量

为了履行国际公约，保护生物多样性，中国也贡献出了自己的力量，制定了相关的法律法规，包括动植物保护方面的具体名录，并且给出了对于野生动植物的保护依据。这些保护名录及依据也都是随着物种的变化而不断更新和修订的。

中国生物多样性保护的标尺

中国国土幅员辽阔，东西南北跨度较大，正因为如此，我国成了世界上生物多样性最丰富的国家之一。同时，由于人口密度大、周边接壤国家多、发展起步晚等原因，我国也是生物多样性受威胁最严重的国家之一。在生物多样性保护如火如荼开展的时候，中国遇到的问题是：我国有多少动植物物种的生存受到威胁？有多少种濒危物种？要搞清楚这些问题，就需要对中国物种的现状进行客观、科学的评估。

2008 年，生态环境部（原环境保护部）联合中国科学院发布《中国生物物种名录》，首次摸清了中国生物物种的家底，并从 2008 年起，以年度名录的形式每年更新和向社会公开发布，为全球使用者提供实时在线的中国动物、植物和微生物等生物类群的分类和分布信息，中国也成为世界上唯一一个连续多年发布年度生物物种名录的国家。同年，为了全面评估我国物种的濒危状况，生态环境部和中国科学院启动了《中国生物多样性红色名录》的编制工作。

《中国生物多样性红色名录——高等植物卷》和《中国生物多样性红色名录——脊椎动物卷》分别于 2013 年 9 月和 2015 年 5 月正式对外发布，此后，《中国生物多样性红色名录——脊椎动物卷》在 2016 年做了少量增补。2018 年 5 月 22 日，在第 25 个“国际生物多样性日”专题宣传活动上，又发布了《中国生物多样性红色名录——大型真菌卷》。

《中国生物多样性红色名录》的评估工作历时 10 年，这项规模庞大的系统工程是全球迄今为止评估物种数量最大、类群范围最宽、覆盖地域最广、信息最全、参与专家人数最多的评估，对我国已知的高等植物、脊椎动物（海洋鱼类除外）和大型真菌受威胁状况进行了全面评估，名录的制定尽可能地和《IUCN 红色名录》标准接轨。评估结果也给出了我国生物多样性受威胁的原因：高等植物濒危灭绝的主要因素是生境退化或丧失，其中农林牧副渔业发展带来的影响最大。脊椎动物物种濒危灭绝的主要原因是人类活动导致的生境丧失和退化以及过度利用，非法贸易则是珍稀脊椎动物濒危的原因；全球环境变化、修建水电站和水利设施、水体和土壤污染影响了水鸟、爬行类、两栖类和内陆鱼类生存。食药用大型真菌的主要威胁因子是过度采挖和开发利用，以及不良的采挖方式；地衣的主要受威胁因素是环境污染和生境退化。

《中国生物物种名录》和《中国生物多样性红色名录》的编制，对我国生物多样性保护与管理产生了深远影响，为相关部门和地方政府制定保护政策和规划提供了科学依据，是建立自然保护区、申报世界遗产、开展科学研究和普及教育、培养专业人员、履行国际条约等的重要依据。

重点保护野生动植物名录

除此之外，面对日益严峻的野生动植物保护形势，我国政府已开展相关评估工作，进一步修订这些保护名录，以便更好、更全面地开展物种保护工作。

我国政府部门于 1989 年开始，先后颁布了《中华人民共和国野生动物保护法》《中华人民共和国野生植物保护条例》《国家重点保护野生动物名录》《国家重点保护野生植物名录》等法律法规，这些法律法规的制定都是以物种面临的威胁程度进行评估的。在《中华人民共和国刑法》中，进一步明确了对非法采集、猎捕、杀害、经营这些物种及其部分、产品的法律后果。

2021 年 2 月 5 日，新一版本修订后的《国家重点保护野生动物名录》正式公布，名录在全部保留原名录所有物种的基础上，对一些物种的保护等级进行了调整，同时新增517种（类）野生动物。其中，大斑灵猫等43种（类）直升为国家一级保护野生动物，豺、长江江豚、蒙原羚等65种原二级保护野生动物升为一级保护野生动物，狼等474种（类）升为国家二级保护野生动物。熊猴、北山羊、蟒蛇3种野生动物因种群数量稳定、分布范围较广等原因，由国家一级保护野生动物调整为国家二级保护野生动物。

在综合考虑实际情况后，名录的及时调整和更新顺应了我国野生动物保护的大发展趋势，同时，也更加科学、全面地划定了保护范围。名录调整后带来的一系列包括量刑标准、保护力度等方面的调整，都有利于更加科学、全面有序地推进珍稀濒危野生动植物的保护工作。

综上，各种保护名录实则为全社会提供了对动植物进行保护的规范化的基准和依据。普通社会大众也能根据这些保护名录具体了解到濒危的物种都有哪些，并以此为契机，更进一步明确在生活中对于濒危野生动植物的保护意识。

目前，中国是世界上为数不多的对国内所有野生动植物开展评估的国家，《中国生物多样性红色名录》的发布及对野生动植物的保护，使中国在履行《生物多样性公约》方面走在世界各国的前列，为生物多样性保护贡献了中国智慧和中国力量。社会各阶层都应该以各物种保护名录为依据，结合物种实际情

况，相辅相成，做好濒危物种的保护和救助工作，为保护大自然尽绵薄之力。

1988年	《中华人民共和国野生动物保护法》修订，《国家重点保护野生动物名录》修订。
1989年	《中华人民共和国野生动物保护法》实施，《国家重点保护野生动物名录》实施。
1993年	《国家重点保护野生动物名录》增加CITES附录一和附录二物种。
1996年	《中华人民共和国野生植物保护条例》修正。
1997年	《中华人民共和国野生植物保护条例》施行。
1999年	《国家重点保护野生植物名录》发布第一批名录。
2003年	《国家重点保护野生动物名录》增加麝科麝属。
2004年	《中华人民共和国野生动物保护法》第一次修正。
2009年	《中华人民共和国野生动物保护法》第二次修正。
2016年	《中华人民共和国野生动物保护法》修订。
2017年	《中华人民共和国野生动物保护法》实施。《中华人民共和国野生植物保护条例》修改。
2020年	《国家重点保护野生动物名录》增加穿山甲属。
2021年	《国家重点保护野生动物名录》发布调整后的名录。《国家重点保护野生植物名录》发布调整后的名录。

中国野生动植物保护法规发展历程

第七章　责任与担当

——全球视野下的绿色模式

一个理念要生根、发芽、大面积传播，继而开枝散叶，必然少不了培育它的沃土。在生物多样性保护的进程中，国际责任与担当、国家法律法规与政策就是这样的沃土，在它们的滋养和培育下，生物多样性保护以不可阻挡之势迅速成长。

国际合作保护

为了应对日渐丧失的生物多样性，国际社会非常重视在政策法规方面的合作。目前，关于生物多样性的国际合作保护已经形成了一个庞大的体系，并制定了一系列公约。在这些公约中，比较重要的有1971年的《湿地公约》、1972年的《保护世界文化和自然遗产公约》、1973年的《野生动物迁徙保护公约》、1982年的《联合国海洋法公约》，以及1992年的《生物多样性公约》。

其中，《生物多样性公约》第一次提出“生物多样性保护是全人类共同关注的事项”。该公约是生物多样性保护国际合作发展史上的里程碑，为生物多样性的全面保护和利用构建了一个全球性的法律框架。

各国有责任保护它自己的生物多样性，并以可持久的方式利用它自己的生物资源。

——《生物多样性公约》

但是，这些政策法规在诞生之初并不十分完美，经历了100多年的沉淀和积累，到目前为止，关于生物多样性的国际政策法规体系已经颇具规模。我们现在所看到的这个庞大的体系一直在不断地完善，其过程也是随着人们对生物多样性保护的认识进行着调整。

在追逐商业利益中萌发的生物多样性保护意识

20 世纪 50 年代以前，在整个国际上，保护生物多样性的法律都处于萌芽状态。

那时候制定的与生物多样性保护相关的政策法规，并没有充分考虑生物的内在价值和生态价值，而是基于商业功利性，仅聚焦在某一个物种的利用保护上。其中有代表性的有：1886 年发布的《莱茵河流域捕捞大马哈鱼的管理条约》，用于规范莱茵河流域大马哈鱼的捕捞活动；1902 年的《保护农业益鸟公约》；1933 年的《保护天然动植物公约》；还有 1940 年针对美洲国家动植物和景观保护发布的《美洲国家动植物和自然美景保护公约》等。

另外，对野生动植物的保护手段也只是单一地采取“禁止”的方式，如禁采、禁伐、禁捕等，没有顾及物种的生存条件。

在最初制定的关于野生生物利用与保护的相关法律法规和条例中，各个国家对于野生生物等自然资源是拥有永久主权的。后来随着认知的发展，人们逐渐意识到，动物要活动，鸟儿要迁徙，种子要扩散，涉及的范围和迁移路途有时候并不是小范围的，往往会涉及多个国家和地区，这时候，就需要国际合作来保护这些自然资源。于是，一些国际保护协作应运而生，但这一时期的保护协作也仅限于联合边界相邻与某一物种有直接利益相关的国家，如 1946 年的《国际捕鲸管制公约》等。

在对自然资源的过度索取与可持续发展中探寻平衡

第二次世界大战之后，各国忙于战后重建，开始大力发展经济，资源开采、过度开发等行为导致了全球性的环境危机。

此时各国也逐渐意识到，保护地球和自然资源是事关人类共同利益的大事，并且认识到加强生物多样性保护国际合作的重要性。于是，1972 年，在瑞典斯德哥尔摩通过了《联合国人类环境宣言》，宣言指出“在计划发展经济时必须注意保护自然界”，初步确立了“可持续发展”的思想。

在此背景下，由于经济发展的需求与推动作用，生物与科技也得到了飞速发展，大量研究成果使人们越来越清晰地认识到生物的内在价值，即自然界中的每一个生命都是平等的，都值得人们尊敬和敬畏。1973 年通过的《濒危物种国际贸易公约》就形成了一套详细、复杂且全面的管理制度。

另外，保护的对象也从单一的物种保护上升到了某一类生物的保护。比较出名的如 1971 年通过的《关于特别是作为水禽栖息地的国际重要湿地公约》、1972 年通过的《保护世界文化和自然遗产公约》、1979 年通过的《欧洲野生生物和自然生境保护公约》和《野生动物迁徙物种保护公约》等。

对生物多样性的保护手段也开始多样化，不仅局限于前期的“禁止”，开始采用保护、保存、恢复等手段，如 1972 年的《保护世界文化和自然遗产公约》的发布。

发掘生物多样性的内在价值，共同建设人类美好家园

20 世纪 90 年代至今，生物多样性国际保护逐渐发展成熟。可持续发展的理念经过 30 多年的发展，人们逐渐意识到了生态环境的整体性：保护范围从单一的物种及其栖息地保护扩展到全球性、区域性的生态系统保护，这也成为这一时期国际合作保护的特点之一；另一个特点就是保护手段与之前相比更加完善。此外，此时期的保护条例或公约，都更加深刻地阐述和贯彻了“可持续发展”的理念。

以上这些保护理念的变化都深刻地体现在 1992 年通过的著名的《生物多样性公约》里面，如对“就地保护”和“迁地保护”措施的规定，就体现了保护手段的完善。另外，还提到“为后代的利益，保持和持久使用生物多样性”的可持续发展观点。该公约成为国际法的一座里程碑，旨在保护濒临灭绝的动植物，要最大限度地保护地球上多种多样的生物资源，造福子孙后代。

另一个非常重要的国际法律文本是《巴黎协定》，这是继

1992 年《联合国气候变化框架公约》、1997 年《京都议定书》之后，人类在应对气候变化方面所提出的第三个里程碑式的国际法律文本。该协定的诞生，形成了 2020 年后的全球气候治理格局，具有重要的延续性意义。

《生物多样性公约》和《巴黎协定》

《生物多样性公约》

1992 年 6 月 1 日，由联合国环境规划署发起的政府间谈判委员会第七次会议在肯尼亚首都内罗毕通过了《生物多样性公约》（后文简称《公约》）。6 月 5 日，各签约国（方）在巴西里约热内卢举行的联合国环境与发展大会上共同签署了该公约，中国是最先签署的国家之一。截至目前，《生物多样性公约》共有 196 个缔约方。该公约是一项保护地球生物资源的国际性公约，在生物多样性国际保护中发挥着不可小觑的作用。它的诞生，开启了生物多样性全球治理的新时代。

《公约》约定，缔约方大会（缩写为 COP）是《生物多样性公约》的最高议事和决策机制，一切有关履行《生物多样性公约》的重大决定都要经过缔约方大会的通过。缔约方大会由批准公约的各国政府（含地区经济一体化组织）组成，这个机构检查公约的进展，为缔约方确定新的优先保护重点，制定工作计划。缔约方大会也可以修订公约，建立顾问专家组，检查缔约方递交的进展报告并与其他组织和公约开展合作。

《公约》第一次在全球范围取得了共识，即保护生物多样性是人类的共同利益和发展进程中不可缺少的一部分。《公约》涵盖了与生物多样性及其在发展中的作用有直接或间接关联的所有领域，包括科学、政治、教育、农业、商业、文化等，并且把传统的保护努力和可持续利用生物资源的经济目标联系起来。《公约》认为，生态系统、物种和基因必须用于人类的利益，但这应该以不导致生物多样性长期下降的利用方式和利用速度来获得；《公约》还建立了公平合理地共享遗传资源利益的原则，尤其是作为商业性用途，涉及快速发展的生物技术领域，包括生物技术发展、转让、惠益共享和生物安全等。尤为重要是，《公约》具有法律约束力，各缔约方都有义务执行其条款。基于预防原则，《公约》为决策者提供了一项指南：当生物多样性发生显著性减少或下降时，不能以缺乏充分的科学定论作为采取措施减少或避免这种威胁的借口。

总之，《公约》在提醒决策者，自然资源不是无穷无尽的，必须建立一个崭新的理念，那就是生物多样性的可持续利用。

《巴黎协定》

1896 年，瑞典科学家就提出，二氧化碳排放量可能会导致全球变暖。然而直到 20 世纪 70 年代，随着科学家们逐渐深入了解地球大气系统，这个警告才引起了大众的广泛关注。

目前，全球气候变化已成为日益严峻的一个问题，因为气候变化而引起的一系列问题引起了各国重视，人们认识到气候变化关乎全球人民的福祉和未来发展，而如何应对气候变化带来的问题，也成为各国需要重点考虑并解决的问题之一。

1992 年 5 月 9 日，联合国大会通过了《联合国气候变化框架公约》。该公约的终极目标是将大气温室气体浓度维持在一个稳定的水平，在该水平上人类活动对气候系统的危险干扰不会发生。截至 2016 年 6 月，加入该公约的缔约方共有 197 个。

2015 年 12 月 12 日，《联合国气候变化框架公约》的缔约方在联合国气候变化大会上达成了《巴黎协定》（又称《巴黎气候变化协定》）。该协定为 2020 年后全球气候变化行动做出安排，呼吁各国政府及社会各界立即采取行动及措施减少温室气体排放，增强对气候变化的应对能力。

《巴黎协定》的长期目标是将全球平均气温较工业化时期上升幅度控制在 2℃以内，并努力将温度上升幅度限制在 1.5℃以内。协定要求：各国应制定、通报并保持其“国家自主贡献”，通报频率为每 5 年 1 次；新的贡献应比上一次贡献有所加强，并反映该国可实现的最大力度；发达国家要继续提出全经济范围绝对量减排目标，鼓励发展中国家根据自身国情逐步向全经济范围绝对量减排或限排目标迈进；在资金方面明确了发达国家要继续向发展中国家提供资金支持，鼓励其他国家在自愿基础上出资；建立“强化”的透明度框架，重申遵循非侵入性、非惩罚性的原则，并为发展中国家提供灵活性；各国每5年进行定期盘点，推动各方不断提高行动力度，并于2023年进行第一次全球盘点。

《巴黎协定》的各项条款要求，体现了共同但有区别的责任原则，同时，根据各自的国情和能力自主行动，采取非侵入、非对抗模式的评价机制。这是一份让所有缔约方达成共识、并且都能参与的协议，有助于国际（双边、多边机制）合作和全球应对气候变化意识的培养。

作为《联合国气候变化框架公约》首批缔约方和政府间气候变化委员会的发起国之一，中国政府一直积极参与和推动着气候变化的国际谈判和《联合国气候变化框架公约》进程。中国也积极响应《巴黎协定》号召。习近平主席在气候变化巴黎大会开幕式上发表讲话，指出《巴黎协定》有利于实现《联合国气候变化框架公约》目标，引领绿色发展。并承诺，中国一直是全球应对气候变化事业的积极参与者，有诚意、有决心为巴黎大会成功做出自己的贡献。在中国的外交努力下，《巴黎协定》最终坚持和重申了“共同但有区别”原则，有力地维护了发展中国家的利益。同时，中国本着务实的精神，力主采取根据各自国情做出减排承诺的“国家自主决定贡献”模式，避免了京都机制[①]下强制减排义务分配带来的尖锐矛盾，最终促成

①京都机制：指《京都议定书》所规定的相关条款。《京都议定书》是《联合国气候变化框架公约》1997年12月在日本京都制定的补充条款。

了各方都能接受的减排方案，为《巴黎协定》的顺利通过和签署奠定了基础。

2016年4月22日，时任国务院副总理张高丽作为习近平主席特使在《巴黎协定》上签字。同年9月3日，全国人大常委会批准中国加入《巴黎协定》。

《巴黎协定》的签署，有利于环境权利的保护。该协定作为一份具有法律约束力的国际条约，其意义在于把各国的政治共识通过法律的形式明确和固定下来，连同《联合国气候变化框架公约》一起构成后京都时代国际气候变化制度的法律基础。《巴黎协定》另辟蹊径，通过国家自主决定贡献的方式，实行“自下而上”的减排义务，巧妙地回避了各国减排义务分配上的难题，也最终将剑拔弩张的“硬碰硬”冲突化解为各国自身努力的目标。《巴黎协定》延续了《京都议定书》的排放交易机制，虽然具体细节仍需补充完善，但签约首日就得到175国的签署，无疑释放了积极的市场信号。可以预见，未来国际碳市场必将迎来新的发展机遇。

目前，科学家已确认，有成千上万个物种已经受到或在不久后将受到全球气候变化的影响。例如，由于气候变化，已导致一些鸟类丧失了食物资源，同样也会导致两栖类动物的生存危机。目前，人们仍然无法确定气候变化是怎样影响大多数单个物种的，正如我们不知道到底有多少物种与我们共享这颗星球一样。所以，从某种意义上讲，《巴黎协定》的签署不仅对人类至关重要，对生物多样性同样重要。

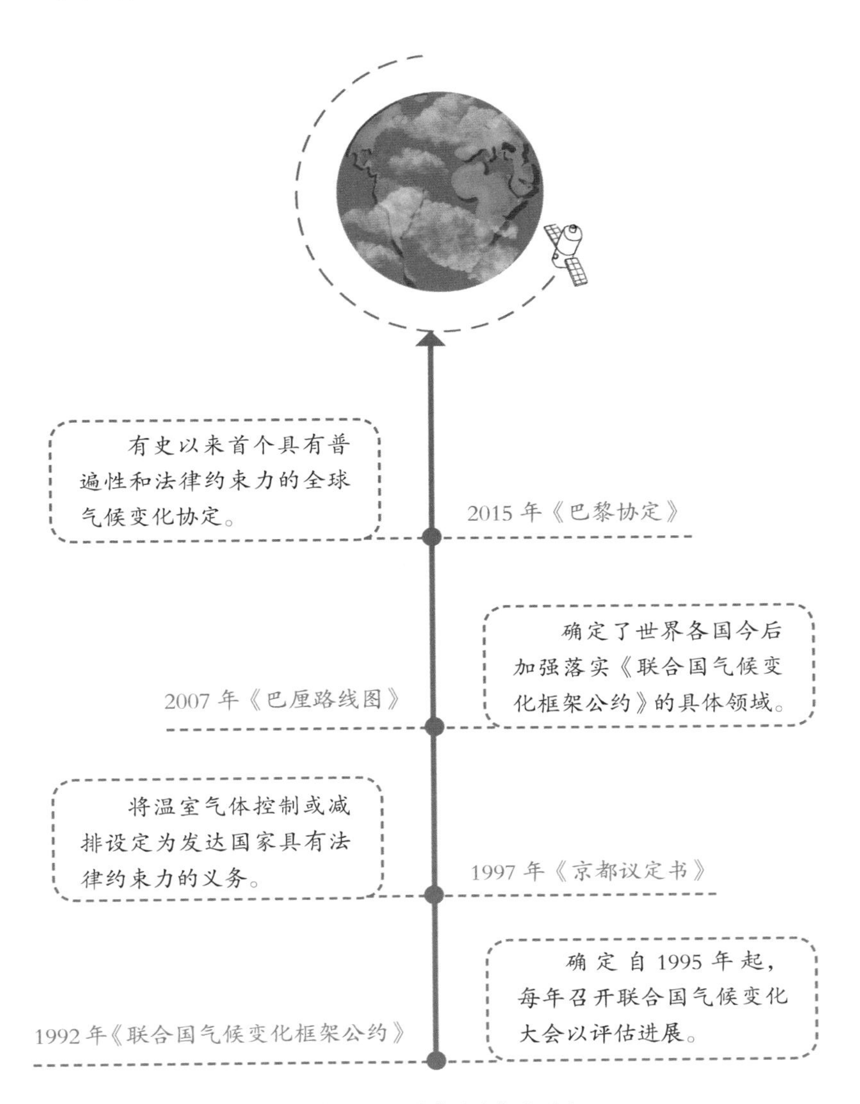

《巴黎协定》诞生大事记

中国以法治力量护佑万物生灵

中国是世界上生物多样性最为丰富的国家之一，为了保护这一生物多样性宝库，中国政府坚持与传统“天人合一”观念相契合的生态文明思想，实施了一系列行之有效的措施。这些措施的制定，借鉴了其他国家和地区在生物多样性保护方面的立法和政策的经验。正所谓，博观而约取，方能厚积而薄发。

典型国家的生物多样性政策法规建设

国外涉及生物多样性保护的相关制度政策最早可以追溯到公元前 18 世纪巴比伦王国的《汉穆拉比法典》，其中对于牧场、林场的保护做了规定。但是在古代，人们对生物多样性并没有一个清晰的认识，生物多样性保护进程的推动十分缓慢。直到近现代，生物多样性保护才有了飞速发展。

（1）政策法规体系较完整的欧盟实践

目前，欧盟在生物多样性保护方面的政策法规已经形成了一个较为完整的体系，这个体系涉及“生物多样性的保护和可持续利用，基因资源利用收益的分享，研究、识别、监测和信息交换，教育、培训和公众意识的提高”4 个方面，辐射到“自然资源保护、农业、林业、渔业、区域性政策和领域性规划、交通和能源、旅游、发展与经济合作”8个领域。

欧盟能够将生物多样性相关的政策法规体系发展到如此庞大和完善，与各成员国之间的协作和贸易往来分不开。

欧盟最早关于生物多样性立法实践的文件是1979年的《鸟类指令》，在此基础上，欧盟在就地保护和迁地保护方面制定和完善了一系列的相关政策法规。除2009年完善后的《鸟类指令》和1992年的《生境指令》外，在就地保护方面，制定了野生生物和自然栖息地保护、野生动物迁徙、植物品种保护、农村生物多样性及海洋生物多样性等公约和指令；在迁地保护方面，制定了农业基因资源保护收集和利用、野生动物园动物保护等方面的规章；在贸易往来方面，对鲸类产品贸易许可证提出要求，禁止濒危野生动植物贸易，建立大西洋海洋生物资源保护观察和监察制度，禁止进口特定的海洋动物皮革，禁止以牟利为目的的海豹制品销售等。

（2）分工明确的美国实践

美国联邦政府与各州政府在保护生物多样性方面有着明确的分工。联邦政府主要负责管理联邦所属地的生境，执行一些国际条约，如《国际捕鲸管制公约》；对生物多样性保护相关的洲际贸易或者国际贸易进行约束，如《濒危野生动植物物种国际贸易公约》。各州政府则会根据各自的宪法和相关法律，对相关政策和法律进行调整。

迄今为止，美国通过了一系列与生物多样性保护相关的法律，涉及生态环境的各个方面。如《自然保护区法》是美国在自然保护区管理和规定方面的基本法律；针对国家公园确立的《黄石国家公园法》，体现了国家公园的分管、分治；针对原生态环境的《原生态环境保护区法》；针对不同类型的原生态出台的《原始风景河流法》；针对野生动物和濒危物种出台的《国家野生动物庇护区系管理法》和《濒危物种法》；还有《国家环境政策法》，尽管没有明确提出生物多样性保护的观念，但是涉及一系列与生物多样性相关的内容，如自然、生态系统等概念，对美国生物多样性保护政策和发展具有积极的推动作用。

美国黄石国家公园风景

（3）因地制宜的英国实践

英国关于生物多样性保护的政策法规，主要得益于生物多样性国际保护。受到《生物多样性公约》的推动，1994年，英国制定了《英国生物多样性行动计划》。在此基础上，各个地区以地方制定生物多样性战略计划的形式，通过地方合作，达到资源和生物多样性保护的目的。

英国在生物多样性保护方面具有其自身特色，所采取的“物种保护支持规划”和“环境管理制度”在生物多样性保护方面发挥了巨大的作用。“物种保护支持规划”得到各方面的支持，包括政府机构和非政府机构。得益于环境局和官方机构的推动，“环境管理制度”在近些年也发展迅速，包括一些官方认证系统的实施，如环境管理体系认证（ISO 14001）等。

另外，英国在迁地保护和就地保护的实践方面也卓有成效，发布了关于鸟类、生态、湿地等保护指南。

英国比较完善的关于生物多样性保护的法律是1995年发布的《环境法》，为就地保护、自然遗产，以及国家公园等保护提供了明确的法律依据。

（4）在欧盟指导下前行的德国

《联邦基本法》作为德国法律和政治的基石，为生物多样性保护提供了最基本的法律依据。另外，还有《联邦自然保护法》《物种保护令》《联邦森林法》《联邦狩猎法》等。其中，《联邦森林法》和《联邦狩猎法》还将更进一步的立法权转移给各州当局。作为欧盟的成员国之一，德国的生物多样性相关政策法规，受到欧盟相关条约的影响，并在此基础上结合各州和当地实际情况，或直接适用，或转化为自身法规。

由此可见，欧盟的相关政策法规，在德国的生物多样性保护中也起着重要的作用。在生物多样性保护中，德国联邦政府与各州之间的合作格外重要。

总之，尽管每个国家的国情不同，生物多样性状况有所不同，制定的法律法规和采取的措施手段也大有不同，但是在生物多样性保护方面是殊途同归的。如欧盟各成员国之间的协作，使生态保护体系不断壮大；美国针对国家公园制定了专门的法律，并设立管理部门；英国因地制宜制定地方生物多样性战略计划，并互相合作；德国能够吸收欧盟的相关政策法规，结合自身实际，变为已用……

“他山之石，可以攻玉”，国际上的这些法律法规也为我国生物多样性保护政策法规的制定和完善提供了借鉴。

我国生物多样性保护政策法规的发展历程

在华夏文明的历史长河中，我们有很多关于生物多样性保护的朴素观念。

早在公元前 21 世纪，就有大禹“春三月，山林不登斧，以成草木之长。夏三月，川泽不入网，以成鱼鳖之长”的禁令。这是目前可追溯的人类历史上最早的关于野生动植物保护的法令。

春秋时期，人们已经意识到人与自然和谐共生的重要性。管仲提出的“山林虽近，草木虽美，宫室必有度，禁发必有时”，就体现了人们在开发利用自然资源时，遵循自然规律、适时适度的景象。中国古代这种朴素的生物多样性保护观念，来源于对农业、耕织的依赖，因此，人们对大自然有着敬畏之心，这种敬畏之心更多体现出来的是一种道德的约束。对于自然资源，虽然会开采、利用，但是也会在合适的时候让其休养生息，就像荀子说的“取之有时，用之有度”。由此可见，在我国古代，就已经体现出对“可持续发展”的追求。

发展到秦汉唐宋时期，统治者通过颁布律令，尝试用法律手段来调节人与自然资源之间的关系。如《秦见·田律》中就有规定，每年二月，不许上山伐木，不许堵塞水道；不到夏季，不得烧草积肥，不许采集发芽植物，不得捕捉幼鸟、幼兽。

到了宋元明清时代，统治者们制定的生物多样性保护规定已经十分具体了，如按季节猎渔，严禁在野生动物如野兔、狍子等交配和产仔期间猎捕它们。

我国古代尽管朝代更迭，但是对于这些前朝的律法，后续朝代都做了借鉴和保留。可能古人也没有想到，这些记录在册的古籍律法，会对现代人类的发展产生长远影响。

中华人民共和国成立之后，当时的临时宪法——《中国人民政治协商会议共同纲领》第三十四条就规定：保护森林，并有计划地发展林业。这是新中国历史上第一次提出的与生物多样性保护相关的法规。之后，在1956年的第一届全国人民代表大会第三次会议上，秉志先生等一批科学家联合提出了92号提案[①]：建议在全国各省区划定天然森林禁伐区，以保护自然植被，供科学研究之用。由此开启了新中国轰轰烈烈的生物多样性保护工作。

“知不足，然后能自反也；知困，然后能自强也。”新中国在摸索和借鉴中前进，经过了半个多世纪的发展，到今天，已经初步形成了一套生物多样性保护的法规体系。这个法规体系的建设和完善，与生物多样性保护政策的先导和启动是分不开的。

早在1987年，国务院环境保护委员会就发布了《中国自然保护纲要》。到1992年，我国签署《生物多样性公约》之后，开始大量制定并实施一系列有利于保护、可持续利用生物多样性的方针、政策和措施。较为重要的有1994年发布的《中国生物多样性保护行动计划》，在计划中提出了需要优先保护的生态系统和物种名录，并明确了生物多样性的保护目标、优先保护行动和重点研究项目。还有1995年的《中国环境保护21世纪议程》、1998年的《全国生态环境建设规划》。进入21世纪之后，有《全

① 92号提案：1956年10月，秉志、陈焕镛、钱崇澍、杨惟义、秦仁昌等生物学家在第一届全国人民代表大会第三次会议上提出的一项关于生态环境保护的提案。

国生态环境保护纲要》《全国野生动植物保护及自然保护区建设工程总体规划》《国务院关于落实科学发展观加强环境保护的决定》《国家重点生态功能保护区规划纲要》《全国生物物种资源保护与利用规划纲要》《全国生态功能区划》《全国生态脆弱区保护规划纲要》《中国生物多样性保护战略与行动计划（2011—2030）》《国民经济和社会发展第十三个五年规划纲要》，以及2016年《全国生态保护“十三五”规划纲要》等。这些都是国家层面发布并统一部署的综合性政策。

除此之外，各个领域如农业、林业、城市建设、海洋开发利用领域等，都分别制定了对象明确、针对性强、内容更加细致具体的政策，体现了显著的行业特征。

其中具有代表性的事件有：为了履行《生物多样性公约》，1992年和1993年先后发布了《林业生物多样性保护行动计划》和《农业生物多样性保护行动计划》；为了保护环境和促进发展，1995年发布了《中国21世纪议程林业行动计划》《农业环境保护“九五”计划和2010年规划》等；进入21世纪后，由于辽宁、四川、云南等地受到外来物种紫茎泽兰和豚草入侵的影响，国家逐渐认识到外来生物对于我国生物多样性的破坏，因此在2003年出台了《外来入侵生物灭毒除害试点行动方案》；随着“生物剽窃”现象的曝光，我国对生物遗传资源保护重要性有了新的认识，在2007年发布了《国务院关于促进畜牧业持续健康发展的意见》，2012年发布了《全国野生动植物保护与自然保护区建设“十二五”发展规划》等，对生物遗传资源做了明确而详细的规定；随着党的十八大提出大力推进生态文明建设的要求，2015年9月，《生态文明体制改革总体方案》印发，明确提出“到2020年，构建起由自然资源资产产权制度等8项制度构成的生态文明制度体系，推进生态文明领域国家治理体系和治理能力现代化，努力走向社会主义生态文明新时代”。

在这些政策的先导和示范作用下，我国生物多样性保护法规建设的进程得以推动。尽管我国目前在综合性的生物多样性保护法律方面还是空白，但是我国已经拥有了大量与生物多样性保护和资源可持续利用相关的法规。

首先，我国在《宪法》中就有明确规定：“国家保障自然资源的合理利用，保护珍贵的动物和植物。禁止任何组织或者个人用任何手段侵占或者破坏自然资源。”“国家保护和改善生活环境和生态环境，防治污染和其他公害。”……

其次，众多的行政法和行政规章，如《水产资源繁殖保护条例》《野生药材资源保护管理条例》《陆生野生动物保护实施条例》《水生野生动物保护实施条例》《自然保护区管理条例》《野生植物保护条例》《森林法实施条例》《退耕还林条例》《风景名胜区条例》等，从物种多样性、遗传资源、生态环境三大领域为生物多样性保护和可持续利用保驾护航。

另外，行政规章和规范性文件也是生物多样性保护法规体系的重要组成部分，如《森林和野生动物类型自然保护区管理办法》《海洋自然保护区管理办法》《水生动植物自然保护区管理办法》《林木种质资源管理办法》《农业转基因生物安全项目管理暂行办法》《海洋特别保护区管理办法》《国家级森林公园管理办法》等，已经全面覆盖水、陆、空三大空间，也兼顾到遗传资源和生态资源。

还有一些法律制定，虽然没有直接对生物多样性保护提供法律依据，但是在为环境保护问题提供法律依据的时候，也涉及生物多样性保护，如《环境保护法》《森林法》《海洋环境保护法》《进出境动植物检疫法》《水法》《渔业法》《野生动物保护法》《固体废物污染环境防治法》《水污染防治法》《草原法》等。

2020 年颁布的《民法典》中，对于国家的土地、自然资源、野生动植物资源等也进行了相关规定，明确了环境污染和生态破坏的责任。

2021 年 3 月 1 日，我国首部有关流域保护的专门法律《中华人民共和国长江保护法》开始施行。作为我国经济发展的重要引擎，长期以来，生态保护为发展让路一直是长江流域生态环境保护工作的痛点，《中华人民共和国长江保护法》最大的特点就是将“生态优先、绿色发展”的国家战略写入法律，把资源保护、污染防治、山水林田湖一体化管理等囊括于一个法律中，更有利于对长江流域生态系统的全面保护。

在法治建设的过程中，法律法规的执行与制定同样重要。2014 年，湖北仙桃的汪某，在湖北省禁猎期内使用投撒有毒稻谷的方式，毒杀了 65 只野生鸟类，其中包括 4 只朱颈斑鸠、5 只燕雀、56 只麻雀，已达到立案标准的 3 倍以上，最终被判非法狩猎罪，并处罚金人民币 1 万元。在这起案件中，被告人采取投毒方式毒杀鸟类是十分危险的行为，对鸟类的伤害是无差别的，同时也暴露出了贫困问题及普法宣传工作的缺失是导致很多人破坏森林、破坏野生动植物资源的主要原因。2017 年，网络上“男子售卖 2 只鹦鹉获刑 5 年”的案例曾一度引起人们的热议，深圳男子王某将自己孵化的 6 只鹦鹉以每只 500 元的价格出售，后经侦查，其中有 2 只为珍贵濒危的绿颊雉尾鹦鹉，

收缴的两栖动物（王启军 拍摄）

属于《濒危野生动植物国际贸易公约》中收录的动物，因此按照《刑法》规定，一审判处5年有期徒刑。案例一出，很多人都替王某叫冤，2只鸟换得5年牢狱，有点不可思议。但是，如果法律允许随意买卖人工驯养的珍稀、濒危物种，那么不法分子就会铤而走险去野外捕捉、采集野生动植物，在金钱利益的驱使下，那些珍惜、濒危的野生物种将会遭受灭顶之灾。这些典型案例的分析和判决，除了对破坏环境资源者有一定的警示作用，对普通民众也起到普法和引导作用，还能够有助于我们及时发现问题，完善法治建设。

回顾我国在生物多样性保护方面几十年的发展，我们已经取得了卓越成效，生物多样性保护意识深入人心，特殊案件判决引发的讨论也逐渐成为人们茶余饭后闲谈的话题，宣传和警示的同时，也让生物多样性保护法治建设贴近民生。随着法治思想的明确，我国的生物多样性保护法规已经从生物多样性保护法治理念着手，推动生物多样性保护法律实施，注重国际交流，促进全球化治理。这些法规在生态系统保护、生物物种保护、生物遗传资源保护、生物安全等领域发挥着重要作用。

在湿地保护方面，我国1992年正式加入《湿地公约》，把保护湿地作为对维护地球生态安全、应对全球气候变化、参与世界可持续发展进程的一项庄严承诺，从此掀开了中国湿地保护和合理利用事业的新篇章。《中华人民共和国湿地保护法》于2022

年6月1日起施行，标志着中国湿地保护进入法治化发展新阶段。目前，我国已初步建立了湿地保护管理体系，指定了64处国际重要湿地，建立了602处湿地自然保护区、1600余处湿地公园和为数众多的湿地保护小区，湿地保护率达52.65%，以全球4%的湿地，满足了世界1/5人口对湿地生产、生活、生态、文化等多种需求。

在自然保护地建设方面，截至2020年，中国保护地总面积占国土陆域面积的18%，管辖海域面积的4.1%，有效保护了我国90%的陆地生态系统类型、85%的野生动物种群、65%的高等植物群落和近30%的重要地质遗迹，涵盖了25%的原始天然林、

西藏色林错国家级自然保护区内的湿地（李佩韦 拍摄）

西藏色林错国家级自然保护区的黑颈鹤（杨东东 拍摄）

50.3% 的自然湿地和 30% 的典型荒漠地区，各类自然保护地在保护生物多样性、保护自然遗产、改善生态环境质量和维护国家生态安全方面发挥了重要作用。

在野生动植物保护及栖息地修复方面，我国目前已经有效保护了 90% 的植被类型和陆地生态系统类型、65% 的高等植物群落和 85% 的重点保护野生动物种群。大熊猫从 20 世纪七八十年代的 1100 多只增加到 1864 只，实现了人工繁育和野放；朱鹮从 1981 年发现时的 7 只增至现在的 5000 多只；亚洲象种群数量由 1985 年的 180 头增至 300 头左右；海南长臂猿由 1980 年的种群数量

西藏羌塘国家级自然保护区的藏羚羊群（吴晓民 拍摄）

朱鹮国家级自然保护区（杨东东 拍摄）

西藏羌塘国家级自然保护区的藏野驴（杨东东 拍摄）

不足10只恢复到现在的5群35只；藏羚羊从几万只到现在的30多万只；黑冠长臂猿增至约700只……这些变化的数字，正是生物多样性保护在我国政策法规的保驾护航下取得成效的体现。

“登山凿石方逢玉，入水披沙始见金。”纵观我国生物多样性保护政策法规的发展历程和成就，在《生物多样性公约》《濒危野生动植物物种国际贸易公约》《湿地公约》等对履约国的要求下，我国的生物多样性保护政策法规实现了与国际接轨，在借鉴与学习中不断摸索前进。近10年来，乘着“科技进步”和“经济发展”的东风，我国的生物多样性保护政策法规完成了从懵懂到成熟的蜕变，直到现在底气十足。我们有信心也有能力展现大国气度，成为世界生物多样性保护的中流砥柱。

生物的守望之地——自然保护地

自1956年第一届全国人民代表大会第三次会议上，著名动物学家、中国近现代生物学的主要奠基人秉志先生与一批科学家提出的92号提案被国务院批准，紧接着在广东肇庆建立了我国第一个自然保护地——鼎湖山自然保护区，这之后，我国开启了自然保护地建设的新篇章。

经过60多年的发展，目前，我国已经基本形成了以自然保护地为主体，以多部门分管、地方管理为主的自然保护地体系。这些自然保护地也成为生物多样性最丰富的宝库，是生物的守望之地。

自然保护地的建设

“把应该保护的地方都保护起来，做到应保尽保，让当代人享受到大自然的馈赠和天蓝地绿水净、鸟语花香的美好家园，给子孙后代留下宝贵的自然遗产。”这个美好的愿景正通过一代又一代人的努力变为现实。

2018年党和国家的机构改革，为我国自然保护地体系建设带来了机遇。国家林业和草原局正式成立，并同时加挂国家公园管理局牌子，从此以后，国家林业和草原局具有了统一管理国家公园等各类自然保护地的职能，1700 多处自然保护地转入林草系统管理。“十三五”期间，我国已初步构建了自然生态系统保护的新体制、新机制和新模式，自然保护地面积、数量已经明显呈现增长之势。

我国自然保护地包括国家公园、自然保护区、自然公园 3 种类型。

其中，国家公园是最具国家代表性的自然生态系统，是我国自然景观最独特、自然遗产最精华、生物多样性最丰富、最具完整性和原真性的部分。我国人多地少，已经很少有大面积的原生生态系统来另行划建国家公园，现实决定了我国的国家公园应主要在现有保护区中整合建立。通过整合建立国家公园，还可以解决各类保护区交叉重叠的问题，把碎片化、孤岛化的自然生态系统完整起来，构建科学的保护区体系。

自然保护区是“天然基因库”和“活的自然博物馆”，也是进行科学研究的“天然实验室”，是保护典型的自然生态系统及珍稀濒危野生动植物物种的天然集中分布区，是具有特殊意义的自然遗迹。中国地理独特，从 8848.86 米的世界最高峰到海平面，再到海拔 −155 米的新疆艾丁湖最低点，分布着世界上最完整的自然生态系统类型、丰富的地理和生物多样性，拥有最多的自然文化遗产，具备建立世界级自然保护地的资源禀赋。

国家级自然保护区统计表（2018 年 5 月设置 474 处）

地区	数量	地区	数量
北京市	2	广东省	15
上海市	2	新疆维吾尔自治区	15
天津市	3	江西省	16
江苏省	3	福建省	17
重庆市	6	辽宁省	19
山东省	7	云南省	20
青海省	7	甘肃省	21
山西省	8	湖北省	22
安徽省	8	湖南省	23
宁夏回族自治区	9	广西壮族自治区	23
海南省	10	吉林省	24
贵州省	10	陕西省	26
浙江省	11	内蒙古自治区	29
西藏自治区	11	四川省	32
河北省	13	黑龙江省	49
河南省	13		

自然公园保护着重要的自然生态系统、自然遗迹、自然景观，具有生态、观赏、文化、科学等价值。我国有地质公园、森林公园、海洋公园、湿地公园、沙漠（石漠）公园、风景名胜区等各类自然公园，保护了重要的自然生态系统、自然遗迹和自然景观。截至目前，我国建立了国家级森林公园 902 处、国家级海洋公园 67 处、国家级湿地公园 899 处、国家级沙漠（石漠）公园 120 处、国家级风景名胜区 244 处。

“以自然之道，养万物之生。” 我国自然保护区的建设和完善体系站在国家政策主导的强力“风口”下，正借势腾飞。

自然保护地的“保护伞”效应

尽管自然保护地的设立只是为了保护某个或某些濒危野生动植物，但如果只是单纯保护这些濒危野生动植物，对区域内的整体生态环境置之不理，那就完全失去了保护地的意义。须知，生物多样性注定了某个或某些物种不能脱离生存环境而生活在“真空”中，保护某个或某些濒危野生动植物，也就间接地保护了其他物种，自然保护地因此彰显了其“保护伞”效应。

在四川省阿坝藏族羌族自治州汶川县西南部，邛崃山脉东南坡，距四川省会成都130千米处，有一个始建于1963年，总面积为20万公顷，以保护大熊猫等珍稀野生动植物和高山森林生态系统为主的综合性国家级自然保护区——“四川卧龙国家级自然保护区”。

1978年，这个保护区成为国家林业局直属的自然保护区，建立了全球第一个大熊猫野外生态观察站——“五一棚”；1979年，该自然保护区加入联合国教科文组织“人与生物圈”保护区网；1980年，在这里建立了中国保护大熊猫研究中心；1983年，为强化大熊猫等野生动植物及栖息地保护，经国务院批准，在该保护区范围内建立了“四川省汶川卧龙特别行政区”，这是新中国

现在的五一棚

1978年，科学家们在海拔2520米的四川卧龙国家级自然保护区内搭建了几顶帆布帐篷，建立了世界上第一个大熊猫野外生态观察站，开始了世界上最早的野外大熊猫研究工作。因为观察站距离水源地有51级台阶，故名“五一棚”。五一棚四周大树参天、竹林丰茂，是野生大熊猫的核心栖息地，当时有18只野生大熊猫生活在这个区域。除大熊猫外，周围还有金丝猴、羚牛、小熊猫等野生动物成群活动。后来，五一棚逐步被改造成活动房。

1986年前，棚内一直是用煤油照明，一切生活用品均由人力背上山，生活条件极为艰苦。

20世纪80年代，五一棚已成为享誉中外的“帐篷学校”。中国各地的大熊猫保护区均派工作人员前往五一棚，与专家们一起学习交流。通过长期的野外调查分析，工作人员们探索出了野生大熊猫的活动规律、食物特性、种群动态及繁殖习性，完成了《卧龙的大熊猫》《大熊猫、金丝猴、牛羚》等14部论著，发表了30多篇科研论文，为进一步保护好大熊猫提供了理论依据。五一棚见证了一代又一代大熊猫科研保护人员的努力与大熊猫科研保护工作的成果，是中国大熊猫保护研究事业中一块重要的基石。

如今的五一棚已经发展成一个拥有完备设施的工作站。

第一个为保护单一物种而建立的“保护特区”；2006年，该保护区被列入世界自然遗产名录。

四川卧龙国家级自然保护区的森林覆盖率高达57%以上，植被覆盖率几乎达到99%。郁郁葱葱的环境为大熊猫等珍稀野生动植物提供了良好的栖息环境，保护区内的野生大熊猫占全国大熊猫总数量的近10%。它是我国建立最早、野生大熊猫种群数量最多、栖息地面积最大的大熊猫自然保护区之一，被称作“熊猫王国”“熊猫之乡”“宝贵的生物广谱基因库”“天然动植物园”，一时间，几乎所有的美誉都被冠在卧龙保护区身上，声名远扬。

保护区的工作人员和科学家们经过30多年的努力与探索，终于攻克了圈养大熊猫人工繁育工作中的难关，建立了全球最大的人工饲养大熊猫种群，创建了最大、最活跃的国内、国际合作交流平台。

自1996年以来，四川卧龙国家级自然保护区分别与美国、英国、比利时、泰国、澳大利亚等4大洲9个国家11个动物园开展了大熊猫科研合作，中央政府赠送给香港、台湾的大熊猫均出自卧龙。随着大熊猫圈养种群的迅速增加，卧龙保护区于2003年在全球率先启动了圈养大熊猫放归野外的研究，填补了人工饲养大熊猫繁殖和野化放归领域的技术空白，创造了多项世界纪录。2006年4月，大熊猫“祥祥”的成功野放，是我国迈出的圈养大熊猫回归自然的第一步。2010 年 7 月，启动的第二期人工繁殖大熊猫野化培训项目，首次实现了圈养大熊猫在半野化状态下的繁育，让人工繁殖大熊猫回归自然又迈出了关键的一步。

现在，四川卧龙国家级自然保护区已经成为“人与生物圈”保护区成员和世界自然遗产地，是“全国科普教育基地”“全国自然保护区示范单位”，肩负着科普教育、物种保护，以及种质资源保存的重任。

保护区成立以来，在大熊猫的保育和保护方面取得了举世瞩目的成就，同时，我们也非常欣喜地看到，在保护大熊猫时，

自然保护区里的人工散养大熊猫（金学林 拍摄）

自然保护区内的其他珍贵物种也得到了保护。尽管保护区设立最初是基于对大熊猫的保护，大熊猫可谓是卧龙国家级自然保护区内的“旗舰种”，但是对于大熊猫的保护，一定是离不开对其栖息地的保护。保护区内脊椎动物有450种，昆虫约1700种，除大熊猫外，被列为国家级重点保护的珍稀濒危动物如金丝猴、羚牛等共有56种，其中国家一级重点保护的野生动物12种，二级保护动物44种；区内植物有近4000种，其中高等植物1989种，被列为国家级保护的珍贵濒危植物达24种。借着旗舰种的东风，保护区内的其他非旗舰物种也幸运地得到了保护。

目前，像四川卧龙国家级自然保护区这样的“保护伞”，只是我国数量众多的自然保护区中的一个。

第八章　渺小而伟大

——有限的个人力量和无限的团体力量

生物多样性保护，并不是一个宽泛宏大的概念，既需要国家层面上的支撑，更要靠每一个人及社会团体的力量。生物多样性保护其实离我们每个人都很近，也与每个人的生活息息相关，我们都是最直接的参与者，也是生物多样性保护中最基本的环节，或者说是最基础的元素。限塑令、不遗弃家养动物、禁食野生动物、禁止不科学放归、垃圾分类……这些方面国家制定的政策法规，需要普通大众在日常生活中规范和约束自己的行为，为生物多样性保护做出看似渺小、实则伟大的贡献。

身体力行

1994 年 12 月，联合国大会通过决议，将每年的 12 月 29 日定为“国际生物多样性日”，以提高人们对保护生物多样性重要性的认识。2001 年，又将日期调整为每年的 5 月 22 日。国际生物多样性日每年的主题都不一样，但覆盖面很广，例如森林与生物多样性、海洋生物多样性、生物多样性助推可持续发展……联合国在生物多样性保护的大前提下，呼吁全世界各国人民每天都能尽自己所能，参与到生物多样性的保护中，来降低如今生物多样性丧失的速度，并以此减轻贫困并造福于地球上的所有生命。

2013 年 12 月 20 日，联合国大会第六十八届会议决定每年 3 月 3 日为“世界野生动植物日”，以此提高人们对世界野生动植物的认识，并号召人们参与到野生动植物的保护中去。2021 年 3 月 3 日是第八个“世界野生动植物日”，主题是“森林与生计：维护人类与地球”，呼吁人们关注野生动植物，尤其是森林的保护和当地居民的生计。我国以“推动绿色发展，促进人与自然和谐共生”为主题，强调坚持“绿水青山就是金山银山”的理

历年国际生物多样性日（5.22）主题

年	主题
2002	专注于森林生物多样性
2003	生物多样性和减贫——可持续发展面临的挑战
2004	生物多样性——全人类的食物、水和健康
2005	生物多样性——不断变化世界的生命保障
2006	旱地生物多样性保护
2007	生物多样性与气候变化
2008	生物多样性与农业
2009	外来入侵物种
2010	生物多样性、发展和减贫
2011	森林生物多样性
2012	海洋生物多样性
2013	水和生物多样性
2014	岛屿生物多样性
2015	生物多样性助推可持续发展
2016	生物多样性主流化，可持续的人类生计
2017	生物多样性与旅游可持续发展
2018	纪念生物多样性保护行动 25 周年
2019	我们的生物多样性，我们的粮食，我们的健康
2020	答案在自然
2021	我们是自然问题的解决方案
2022	为所有生命构建共同的未来

2月2日
国际湿地日

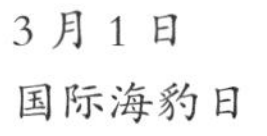

3月1日
国际海豹日

3月3日
世界野生动植物日

3月21日
国际森林日

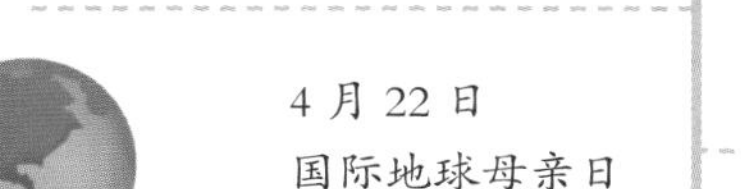

4月22日
国际地球母亲日
世界地球日

5月和10月的第二个星期六
世界候鸟日

5月20日
世界蜜蜂日

5月22日
国际生物多样性日

6月5日
世界环境日

6月8日
世界海洋日

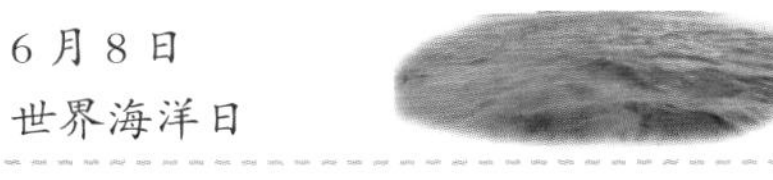

6月29日
世界热带日

9月7日
国际清洁空气蓝天日

9月16日
国际臭氧层保护日

9月的第三个周末
国际清洁地球日

10月4日
世界动物日

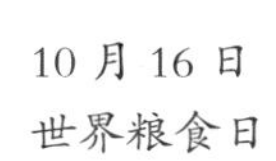

10月16日
世界粮食日

12月5日
世界土壤日

12月11日
国际山岳日

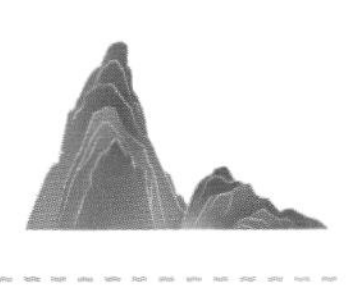

与生态保护相关的国际性纪念日

念，坚持尊重自然、顺应自然、保护自然，坚持节约优先、保护优先、自然恢复为主，守住自然生态安全边界，共建万物和谐的美丽家园。

除国际生物多样性日和世界野生动植物日以外，还有国际地球日、世界湿地日、国际北极熊日、世界穿山甲日，等等。设置这些纪念日的目的都是在呼吁人们在日常生活中身体力行，珍惜并保护自然环境和已经濒危的物种，从而保护地球的生物多样性。

可能有的人会说，保护生物多样性这个概念离自己太遥远了，现在的城市和乡村甚至都见不到那些需要保护的珍稀濒危动植物，我们能为它们做什么呢？

实际上，我们能做的太多了……

“限塑”必须快、准、狠

以我们每个人生活中最常见到的一类物品——塑料为例，在过去的70年中，全世界塑料的产量疯狂增长了200多倍。2018年，全球塑料产量达到3.59亿吨。这是一个十分庞大的数字，可能被回收利用的仅是其中一小部分，超过75%的塑料制品最终都成为垃圾，一部分还流入了海洋，成为海洋垃圾。这些塑料垃圾就像一只无形的大手，一步步控制着人类及地球上所有生物的生活。成片的塑料垃圾漂浮在海面上、堆积在地里，难以降解，长期污染着水源和土壤。

被塑料垃圾侵占的海滩

因白色污染而造成动物死亡的事件屡见不鲜。全世界每年有不少动物因误食塑料制品而死亡，包括羊、海鸥、海龟、齿鲸、海豚、虎鲸，甚至一些鲜为人知的远洋深潜鲸类。在它们的消化道内部都发现了塑料垃圾，而这些塑料垃圾的来源是与人类日常行为密不可分的。

人类自以为聪明，觉得自己不会像动物一样误食塑料垃圾，可是真的是这样吗？

世界是一个整体，就像一个封闭的圆环，每个环节都无法被割裂或单独出来分开对待。在人类见证了那么多动物因塑料制品死亡后，终于，这些塑料制品也在悄悄地反噬着人类自身！

塑料垃圾导致动物死亡

据英国《卫报》2022年3月24日报道，科学家在近80%的实验受试者样本中发现了微塑料颗粒——这是历史上首次在人体血液中发现微塑料颗粒。《卫报》指出，随着大量塑料垃圾被倾倒在环境中，从珠穆朗玛峰到最深的海洋，微塑料颗粒已经污染了整个地球。人体通过食物和水摄入这些微小颗粒，而这些颗粒也出现在了婴儿和成人的粪便中。研究发现，在孕妇的胎盘中也发现了此类颗粒。在怀孕的老鼠体内，这些微塑料颗粒会通过肺部迅速进入老鼠幼崽的心脏、大脑和其他器官。微塑料颗粒会在人体内产生什么影响目前还不得而知，它是否会一直留在体内，或者当微塑料颗粒的含量达到一定水平是否会引发疾病，都需要进一步的科学研究来探索。

目前，世界许多国家出台了政令，限制塑料制品的使用，并且对分类回收塑料制品做了明确要求，人们也开始逐渐改变自己的生活习惯。这方面，日本做出了很好的示范作用。比如，他们根据回收利用的不同目的，将一个小小的塑料瓶，按照瓶盖、包装塑料纸、瓶身分开回收处理。欧洲一些国家的政府部门，通过提供相应报酬奖励的方式鼓励人们回收塑料瓶。

尽管有这些政令的支持，但由于人们的生活习惯或是一些商业原因，塑料袋的使用还是无法强力禁止，这使得限塑令的推行难以全面实施。限塑是一个漫长的过程，可能需要几代人的努力才能完成。

日常生活中我们所能做的就是管好自己的行为：不使用塑料吸管；购物时拒绝使用一次性塑料袋，以布袋代替并重复利用；做好垃圾分类，减少生活垃圾，不乱丢塑料垃圾和有害垃圾，以合理的方式将这些垃圾回收、利用或者进行无害化处理……

只要我们努力，就会看到希望。

流浪动物的悲哀

接下来要说的，是一群在城市和乡村中的特殊存在——以流浪猫、流浪狗为主的流浪动物。

对于生活在城市的人来说，这些流浪动物并不陌生，甚至有些人会担心它们没有食物来源而给它们投食。可是，这样善意的举动和关心究竟是好还是坏呢?

其实，很多流浪动物的存在是与人类行为有直接联系的，它们中的一部分并不是大自然的产物，有些人心血来潮将它们买回去，失去兴趣后就狠心将其遗弃。然而，猫、狗的繁殖能力特别强，它们被遗弃在自然环境中就不再受约束，可以大量繁殖，其后代会逐渐形成一个群体，甚至有时可以看到在街道上、公园里、大学校园里，成群结队的流浪猫、流浪狗追着人们讨要食物的场景。

另外，因宠物行业中利益链的改变而造成的遗弃事件也不在少数。举个例子，2000 年前后，藏獒凭借其壮硕、勇猛的外表受到中国市场欢迎，销售价格很高，因此很多人投入藏獒的繁育和销售环节。但是，随着大型犬伤人事件频出而引发市场变化，藏獒这种烈犬销售量大大减少，而其食量又非常大，于是大量藏獒被遗弃。时至今日，在青藏高原上还能看见很多无人看管的藏獒在流浪。

可能有人会问，这些流浪动物与生物多样性有什么影响？它们的存在难道也会对大自然造成破坏吗？

答案是肯定的。

首先，这些流浪猫、流浪狗在城市中是没有天敌的（除了人为捕杀），所以它们的种群数量无法得到控制。目前，在国内的城市生态系统里，流浪猫、流浪狗的种群数已经远远超过了环境所能承载和容纳的数量。

其次，我们总以为猫只会抓老鼠，狗只是啃骨头。可事实上，

流浪猫

这些流浪猫、流浪狗的食谱是非常广的：流浪猫会捕捉鸟类、兔子，甚至还有蜥蜴、青蛙及一些无脊椎类的昆虫。一些调查数据也是触目惊心的：在美国，光流浪猫和散养猫每年导致的动物死亡就达到了约150亿只；在加拿大，每年被猫捕食的鸟大概有2亿只；在澳大利亚，一些岛屿上的特有物种的灭绝也与猫的捕食相关，以至于当地生物多样性下降。流浪狗也类似，在草原上，一些大型犬如藏獒甚至还会捕食牧民的羊和其他野生动物，其中不乏一些国家级保护动物，比如藏羚羊。

事实上，很多鸟兽有它们特殊的生态位或者生态系统服务价值，比如，鸟可以帮助植物进行种子传播、授粉、防治虫害等。而流浪猫、流浪狗在没有天敌的情况下则处于生态链的顶端，成为顶级捕食者，这样就会破坏当地的生态系统。

因此，科学、正确地看待这一问题，并合理地解决，需要社会大众一起参与。

首先，针对每一个已经拥有或即将拥有宠物的人来说，最重要的是一定要做好万全准备，一旦拥有就不要弃养。并且因人类的私欲而兴起的宠爱和喂养，最终也不应该让这些猫、狗承担被抛弃的命运和最终流浪的结果。

其次，如果要养宠物，可以去领养那些被遗弃的动物，并且，在饲养过程中不要散养，以减少它们捕捉野生动物的概率，同时也可减少了它们患病的概率。

再次，不要投喂那些流浪猫、流浪狗。这听起来可能很残忍，可是如果换个角度，看看那些被它们咬死甚至是因它们而灭绝的生物，再想想那些可能会给生态系统带来的巨大危害，也许就能收起同情心了。

舌尖上的屠杀

现在让我们将视线转向人类的餐桌。

长期以来，在很多人的观念里都有“吃什么补什么”“吃什么治什么”的谬解，比如，有人将犀牛角看作治愈癌症的良药，而实际上其主要成分是角蛋白，与人类指甲的组成是一致的；有人认为吃蛇能强健身体，吃鼠能美发、生发；有些人品尝野味只是为了满足猎奇的心理和寻求刺激，或者听到一些被过度美化了的体验而盲目跟风；更有甚者，为了所谓的身份的象征，造成一些野生动物被搬上了人类的餐桌……正因为这些人的需求形成了强大的市场，结果使得很多动物被吃成了濒危物种，比如儒艮、中华穿山甲等动物的数量已经少得可怜。更令人痛心的是，人类的这些行为也确实造成了一些物种的灭绝。

人们不仅要管住自己的口腹之欲，更要杜绝侥幸心理。

有些野生动物身上长期封存着各种病毒，人类在吃它们的时候就有可能打开了“潘多拉魔盒”，这些病毒一旦通过饮食传给人类，其后果不堪设想。

目前，世界上存在着许多人畜共患病，有些病毒可以跨越物种进行攻击，从而引起疾病的发生和传播，比如禽流感、SARS、MERS，往往就是人类在捕食野生动物的过程中，给病毒提供了跨越物种传播的途径，因而造成大面积疫情暴发，使各国公共卫生安全及医疗系统面临挑战。这些以生命为代价换来的教训，便是大自然给人类敲响的警钟。

因此，我国政府要求和呼吁社会大众提高对野生动植物保护的意识，全面禁止以食用为目的的野生动物交易及相关行为和活动，包括有形市场、网络交易、黑市交易、走私贩卖等各种非法野生动物交易行为和活动。我们每个人要管住嘴，避免猎奇心理，对野味说“不”。另外，如果身边发生了非法野生动物交易的相关行为和活动，每个人都有义务及时向有关部门举报，来终止其违法行为。

我们在日常生活中还有许多行为都关乎生物多样性保护和维持生态系统平衡，比如选择绿色的出行方式、节能减排、节约用水用电、避免浪费资源、避免使用一次性餐具、禁止不科学的放养（放养鱼、乌龟等动物可能会给当地生态环境带来外来生物入侵的风险）……

日常生活中需要注意的事情还有很多。总之，认真践行生物多样性保护倡导的生活方式是我们每个人的义务。我们要明白，保护生物多样性、保护自然，就是保护我们人类自己。

三人为众

在生物多样性保护中，社会团体和组织是一股非常重要的力量，正所谓三人为众，团体的力量不可小觑，这些组织在国际生物多样性保护中的重要性越来越突出。

让我们将目光投向那些非政府间国际组织，如世界自然保护联盟、世界自然基金会、国际野生生物保护学会等。这些都是由各国的民间团体、联盟或个人自发组成，为促进自然生态、物种保护等国际合作而建立的非官方国际组织。它们的存在，为大众了解动植物保护、环境保护等提供了新的平台和独特的视角。它们在物种保护方面做的大量工作，包括种群保护、栖息地保护、遗传资源研究等，对于今后的生物多样性保护有极强的借鉴作用，也是值得被推广应用的，它们所探索的保护模式，以及取得的保护成果甚至被政府部门采纳并列入保护计划中去。

世界自然保护联盟（IUCN）

世界自然保护联盟是世界上第一个具有全球意义的自然保护组织，1948 年 10 月在瑞士成立，是政府及非政府机构都能参与合作的少数几个国际组织之一，也是自然环境保护与可持续发展领域唯一作为联合国大会永久观察员的国际组织。该组织致力于为解决当前迫切的环境与发展问题，提出基于自然的解决方案。目前，IUCN 已经成为世界上最大、最重要的世界性保护联盟，有 200 多个国家和政府机构会员、1000 多个非政府机构会员，超过 16000 名学者个人会员加入其专家委员会。

IUCN 一直被认为是物种和自然保护地保护领域的领导者。例如，它发布了第一个《IUCN 濒危物种红色名录》，为全球物种保护提供科学依据，并且每年更新 1 次；推动制定圈养动物的标准；控制入侵物种；可持续利用野生生物资源；废除欧盟非法使用毒饵作为控制肉食动物的方法；指导野生物种的引进、转移和再引进；启动了一个全球植物保护项目，为《生物多样性公约》2002 年采纳的《全球植物保护战略》奠定了基础；呼吁世界关注两栖爬行类危机，研究如何保护它们，使两栖爬行类动物成为国际保护的优先物种；建立并更新《联合国国家公园和其他自然保护地名录》，目前全球已经有超过 25 万个自然保护地被收入这个名录。

许多被广泛接受的基本科学原理都是由 IUCN 决议推动的，如利用生态准则确定自然保护地的边界，建立不同类型自然保护地的分类体系，认可私人自然保护地体系，制定自然保护区生态恢复指南，认可社区自然保护地的价值和地方政府建立的自然保护地的价值，推动设立跨国界自然保护地，等等。

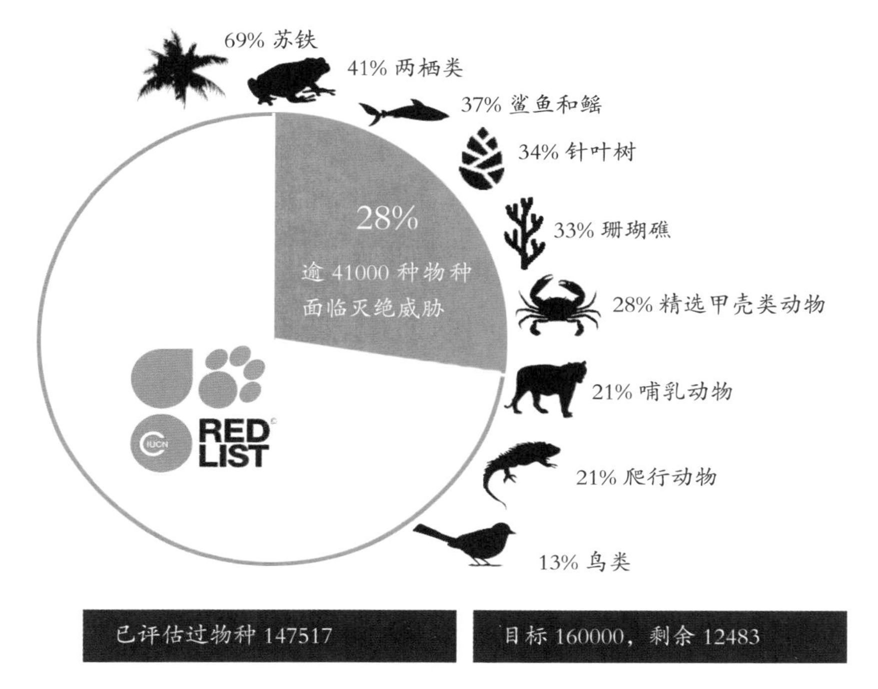

2022 年《IUCN 濒危物种红色名录》中各类物种所占百分比

IUCN 自成立以来，推动和引领着世界自然保护事业的发展。

1980 年，IUCN 开始在中国开展工作。1996 年，中国政府加入 IUCN。2003 年，设立 IUCN 中国联络处。2012 年，正式设立 IUCN 中国代表处。截至 2017 年，IUCN 已有 32 个中国会员单位，其中香港地区有 4 个。IUCN 通过信息共享、国际交流、能力建设、地方示范项目等方式支持会员及合作伙伴开展工作，除了可为中国在重要的国际环境问题上与国际社会开展合作、提供政策法规等技术支持外，还充分发挥联盟的全球性和区域性优势，开展了“大都市水源地可持续保护计划”“中国保护地计划”“生态系统生产总值（GEP）核算”“未来红树林中国项目（MFF）”等项目。

世界自然基金会（WWF）

世界自然基金会（WWF）成立于1961年，为了与世界自然保护联盟携手合作，基金会也设立在瑞士日内瓦湖北岸莫尔日的一个小镇上（世界自然保护联盟在此之前将其总部迁到这个小镇）。其使命是：遏制地球自然环境恶化，保护世界生物多样性，确保可再生资源的可持续利用，推动降低污染和减少浪费性消费的行动，创造人与自然和谐相处的美好未来。

WWF 标识、主旨及服务范围

WWF 的创始人认为，组织最有效的工作方式就是在各国设立分支机构。于是，该组织开展了国家计划项目，将在各国所筹集的基金的 2/3 转交给世界自然基金会，用来开展国际项目活动，其余的则归各国分支机构支配。WWF 还一直与那些已存在的民间环保团体合作，凭据最新的科学知识来提供援助活动。

自成立以来，WWF 已经在全世界形成了一个超过 500 万支持者和 100 多个国家参与的庞大网络，其投资的项目也超过 13000 个。

1980 年，世界自然基金会中国办事处成立，WWF 正式来到中国。它们在中国开展的第一个项目就是针对大熊猫的保护，WWF也因此成为在中国开展实地工作的第一个国际非政府组织。

1985—1988 年，国家林业部（现为国家林业和草原局）和 WWF 共同组织了全国范围内的关于大熊猫及其栖息地的调查，调查显示大约有 1000 只大熊猫在野外栖息。1989—1995 年，WWF 支持了一系列大熊猫保护工作，包括培训、巡护和科研设备提供等，支持建立卧龙熊猫繁育中心，以及在四川卧龙保护区“五一棚”区域进行每月监测的工作等。1992 年，国家林业部和 WWF 联合启动了“大熊猫及其栖息地管理计划”，该计划新建了 14 个熊猫保护区，并提高了原有的 13 个保护区的管理能力，创建了 15 个生态走廊，促进不同大熊猫种群间的基因交流。

多年来，我国和 WWF 在对大熊猫及其栖息地的保护工作上投入了大量资源，也取得了举世瞩目的效果——无论是大熊猫数量，还是栖息地面积，都得以稳步增长。WWF 还将大熊猫保护工作积累的经验利用到雪豹[①]的保护项目中，开展的相关研究内容有“双旗舰物种伞护下的精细化保护管理”“红外相机监测经验”“保护区自然教育及自然体验”等内容，让大熊猫保护的成功经验在其他濒危物种的保护上得到进一步的传承。

目前，WWF 在中国是运作最成功、影响最大的环境保护非政府组织，也为中国本土的非政府环境保护组织树立了良好榜样。WWF 在中国的项目内容已经包括物种保护、淡水和海洋生态系统保护与可持续利用、森林保护与可持续经营、可持续发展教育、气候变化与能源、野生生物贸易、科学发展与国际政策等领域。

国际野生生物保护学会（WCS）

国际野生生物保护学会（WCS）成立于 1895 年，总部设在美国纽约。WCS 致力于保护野生生物及其自然栖息地，保持地球上生态系统的完整性。它在全球范围内进行长期、深入的野外研究，为保护野生动物种群提供技术支持，目前已在亚洲、非洲、

①雪豹，大型猫科动物，亚洲中部特有物种，其 60% 的栖息地主要分布在中国西部，与大熊猫的栖息地多有重合。2009 年，在四川卧龙自然保护区发现了雪豹踪迹，从此，雪豹的保护工作也同时被纳入日常野生动物保护的工作中。作为高山生态系统中的顶级捕食者，它的存在维护着生态系统的平衡，也指示着整个系统健康与否，因此卧龙自然保护区逐渐形成了大熊猫与雪豹的双旗舰物种保护战略。

国际野生生物保护学会（WCS）标识

南美洲、北美洲的 64 个国家开展了 500 多项野外项目。并且，WCS 会培训当地负责自然保护的专业人员，提高他们自身的保护管理水平；还会通过形式多样的宣传教育活动提高公众对野生动物的保护意识，以改变人们对自然的态度，促进人与自然和谐共处。

19 世纪末，WCS 的动物学家威廉·坦普尔·哈纳德开展了一次美国野生动物生存状况调查，公布了鸟类与哺乳类数量逐年下降的报告，这些研究报告推动了美国各州动物保护法律的出台与规范化。自 1905 年开始，哈纳德还开展了一个全国性保护项目，通过政府资助建立避难所，拯救濒临灭绝的美洲野牛，使这一独特的物种最终得到拯救。这也是世界野生动物保护史上最伟大的成就之一。

自 20 世纪 50 年代末开始，WCS 在肯尼亚、坦桑尼亚、乌干达、埃塞俄比亚、苏丹、缅甸等地开展了一系列野生动物调查研究项目。

20 世纪 80 年代初，受 WCS 和中国的邀请，美国动物保护学家乔治·夏勒博士成为第一位来到中国研究大熊猫的西方人。此后，他更成为第一个被允许进入羌塘的外国专家。他也是第一个将“沙图什”（用藏羚羊羊绒制作的披肩）贸易和藏羚羊数量锐减联系在一起的人，从而揭示出藏羚羊被大量猎杀的真相。

乔治·夏勒博士在中国的足迹遍及四川、内蒙古、西藏、甘肃、青海、新疆等地，所研究的野生动物包括大熊猫、藏羚羊、雪豹、马可波罗盘羊、普氏原羚、孟加拉虎等。他先后在亚洲、非洲、南美洲开展野生动物研究，并成为世界上最杰出的野生生物研究学家。

吴晓民（左）与乔治·夏勒（中）在野外（吴晓民 提供）

早在2007年，WCS就开始在中国藏北地区实施草原大型哺乳动物保护和可持续管理的示范工作（西部项目），在东北地区推动跨国界东北虎保护工作（东北项目），在长江中下游地区参与扬子鳄的重引入工作，在华南地区开展旨在减少野生动物消费和贸易的工作（华南项目）。2008年，WCS启动了面向中国野生生物执法人员的激励项目——中国野生生物卫士行动。

西部项目：中国青藏高原上生活着众多特有而濒危的野生动物，以及相对完整原始的生态系统。2007年，WCS正式成立WCS西部项目拉萨办公室，选择具有代表性的珍稀濒危物种作为关键物种，开展羌塘的生物多样性保护工作。

东北项目：东北虎在中国主要分布在黑龙江省完达山地区和吉林省长白山。作为中国虎豹种群恢复的关键性地区——吉林省珲春市，地处中、俄、朝三国交界，那里有大片较完好的森林覆盖，主要以针阔混交林和针叶林为主，拥有较高的生物多样性和相对丰富的有蹄类动物资源，如野猪、狍子、梅花鹿、马鹿等。WCS致力于在该区域开展野生东北虎种群拯救工作：推动在东北虎重要栖息地建立自然保护区；与国内外专家和机构合作开展调查和监测；推动相关保护政策的制定和交流；推动野生动物保护执法工作，严厉打击非法偷猎活动；为提高当地群众的野生动物保护意识，开展自然保护的宣传教育活动，并积极推动社区参与保护。

华南项目：项目开始于2008年3月，主要开展包括市场调查与贸易评估、提升公众野生动物保护意识等一系列工作，致力于减少和遏制非法野生动物贸易。

中国野生生物卫士行动：WCS 中国项目从 2008 年起设立“中国边境野生生物卫士奖”，2012 年更名为“中国野生生物卫士行动”。该行动通过激励和资助的方式，奖励那些在打击偷猎和非法野生生物贸易中做出杰出贡献的集体和个人，促进相关部门以及执法人员的能力建设，提升全社会保护野生生物的意识和行动。

除了上述 3 个国际组织外，还有很多组织和团体都在以自己的力量为生物多样性保护贡献着自己的力量。每年，这些组织还会开展各类社会教育科普活动，让社会大众进一步了解保护物种、保护环境的重要性。我们也欣喜地看到，投入环保及公益活动中的人越来越多，尤其是参与其中的中小学生，他们是绿色未来的希望。

第九章　多元化的保护

——科技的运用和科研团队的力量

随着科技的发展，一些高新技术也被用于生物多样性保护工作中，借助科研工作者及一些保护组织的专业力量，帮助我们用更加系统、更加全面的技术和具体措施助力生物多样性及生态系统的保护工作。

科技的力量

随着生物技术和一些高新科技被用于生物的繁育、科学研究、监测、评估、量化生态系统状态等领域，生物多样性保护获得了前所未有的发展。

生物技术提供研究基础

生物技术已有上千年的历史。最初，人们进行动植物的选种、育种，利用微生物进行发酵，如酱油等豆类加工产品，以及面包、奶酪等。近几十年来，随着生物技术的发展，基因技术、分子标记技术、荧光蛋白定位、测序技术、克隆技术等，正以势不可挡的趋势一次次地刷新并改变人们对于生命的认知，带领人们解锁更多的未知，获得更多关于生命的奥义。

生物技术为动物迁地保护，特别是遗传资源的保存提供了可靠的保证，也为人类可持续发展带来了福音：基因测序技术大大提高了研究者们解决动植物，以及其他生物的遗传问题效率；DNA 技术可以进行新生子代的鉴定，用于繁殖行为的研究；分子标记技术可用于繁殖行为的研究，例如研究不同基因型花粉竞争和更精确地估计种群的遗传多样性；克隆技术可用人工授精和人工传粉的方法，帮助繁育一些在自然条件下受精与胚胎发育艰难或缓慢的珍稀濒危动植物品种；转基因技术可以培育出能够清洁环境，分解受生活、石油化工等污染的植物或超级细菌。

除此之外，日新月异的生物技术更为我们对于物种的保护提供了便利，很多学者可以通过基因组学研究方法研究濒危物种背后的致危原因，并提出具有针对性的保护措施和新的见解，以更加科学、系统的方式对它们进行保护。

如今，不仅在动物学界、植物学界，甚至在原核生物界与真菌学界，无数科学家正在试图用生物技术拯救濒危、极危物种。

例如，纽约罗切斯特大学一个研究种群遗传学的团队一直在跟踪研究佛罗里达灌丛鸦，这个物种属于受威胁物种，目前只剩

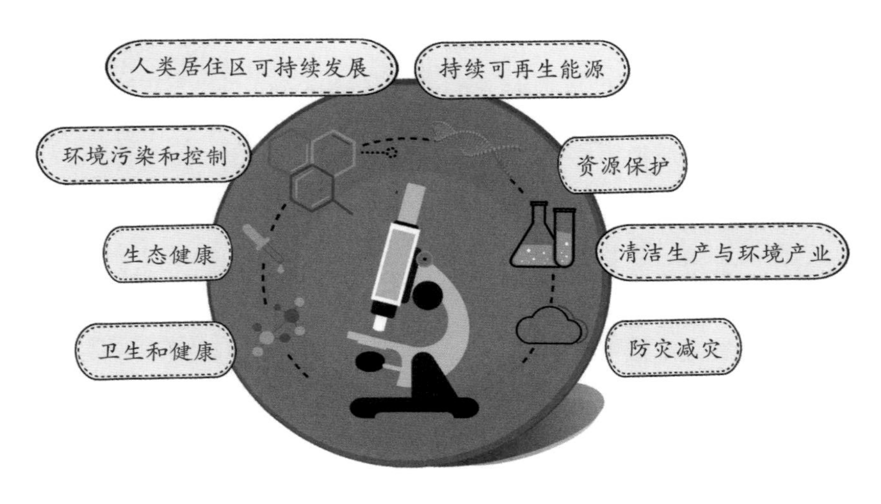

生物技术在实现可持续发展战略中的作用（王静 制图）

下几千只，而且被隔离分散在几百个不同的地点。研究团队开始只是通过一个固定的生物观测站，定期对灌丛鸦进行清点和评估。后来，他们开始应用基因技术来获取被观测鸟群的遗传特征变化情况，发现一直有来自几千米外的其他种群的基因流缓慢汇入被观测的灌丛鸦种群。研究团队表示，虽然单独的外来个体遗传多样性不一定比观测种群高，但汇入的个体可能来自多个不同的外来种群，这有助于丰富已有种群的遗传多样性。最近几年，外部种群数量下降，外来个体的数量也随之变少，内外种群的遗传多样性都在降低，导致整个物种面临灭绝的危机。研究团队由此提出，在小种群的保护实践当中，从其他小种群引入基因流可能非常重要。

1999 年，中国科学院吴征镒院士向国家建言，在生物多样性最为丰富的云南建设一座野生生物种质资源库。2007 年，一座保护野生种质资源的“诺亚方舟”建成并投入运行，这就是位于昆明北郊的中国西南野生生物种质资源库（以下简称种质资源库）。种质资源库成立之初，就确立了“五库一体”的保存模式，即以种子库为核心库，兼具植物离体库、植物 DNA 库、动物种质库和微生物库。这是我国第一个国家级野生生物种质资源库，也是亚洲最大的野生生物种质资源收集、保藏机构。截至 2021 年年底，种质资源库已保存野生植物种子 10917 种 87863 份，植物离体培养材料 2143 种 24200 份，DNA 材料 8029 种

67631份，动物种质资源2228种70312份，微生物菌株2295种22950份……它与英国的“千年种子库”、挪威的“斯瓦尔巴全球种子库”等，一起成为全球生物多样性保护的重要设施。种质资源库的建设，使中国的野生生物种质资源，特别是中国特有种、珍稀濒危物种，具重要经济价值、生态价值和科学研究价值的物种安全得到了有力保障，也为我国在未来参与国际生物产业竞争奠定了坚实基础。

对物种进行收集保存的过程使用了大量生物技术，工作量大，也非常辛苦，但能在这些物种消失之前就将它们保存起来，使它们有可能被人们进一步发掘利用，就是建立种质资源库的最大意

中国西南野生生物种质资源库外景

义，也体现出《生物多样性公约》对生物技术的定义："使用生物系统、生物体或其衍生物等技术，来制作或改变产品以达到特定用途的目的。"

高新科技为生物多样性保驾护航

生物多样性的丧失很难像气候和温度变化那样被监测及精确量化，但随着新一代信息技术革命的到来，在生物保护及监测、评价生物多样性丧失等方面有了更多利器：红外相机、5G 传输、人工智能、大数据分析，以及航空航天领域的高科技，为我国生物多样性保护带来了新机遇。通过科技实现了传统生态监测手段的数字化，更能在数据采集、整理、分析、预测等方面实现全方

中国西南野生生物种质资源库

位智能融合，让数据会“说话”、会“思考”、会“预判”，科学分析和研究动植物成长环境和规律，助力野生动植物保护，促进生物资源的可持续开发利用。

可以利用红外相机、5G 传输技术、人工智能物种识别技术、大数据深度挖掘技术等，全面采集动植物生长和生活信息，加深生物多样性调查评价，厘清生物多样性保护基础，做好生物资源基数的摸底工作。例如，山西在重点保护野生动植物资源普查中，运用科技手段查清了资源现状，确定了褐马鸡、黑鹳、华北豹、

工作人员在野外架设红外相机

无人机在科考中被广泛应用

原麝为山西保护的四大旗舰物种，也为未来的生物生态保护做好数据支撑。

还有，可以结合航空航天方面的高科技，充分运用 5G、物联网、声学监测等技术，搭建起遥感卫星、无人机、地面设备“天地空”一体化生物监测预警网络，构筑生物多样性保护网络，实现重点保护区监测数据实时采集、实时传输。以浙江泰顺县为例，当地构建起数字智能“保护网”，建立野生动物疫源疫病监测系统及远程视频监测系统，实现监测数据实时采集、实时传输。

这些高科技的运用，也推动了生物技术的研究，有利于种质资源保护利用和种质库、基因库的建设，有利于保护基因资源，提升濒危物种保护和抢救能力。例如，长江江豚是世界自然保护濒危物种名录中的极危物种，湖北长江天鹅洲白鱀豚国家级自然保护区使用了联想智能集成解决方案，在数字化管理、智慧化监控的同时，研发针对江豚识别的AI算法，为高效监测江豚种群、深入了解江豚习性、提出更好的江豚繁育和保护措施实现智能化赋能。

科技运用于生物多样性保护，不仅能提高观测效率和收集数据，还能通过人工智能分析和运用海量图像、声音数据，为人类提供更加科学合理的决策建议。

另外，还可以对大众进行生物多样性保护的普及工作，丰富宣传教育形式。发挥现代媒介优势，运用AI、VR、AR等技术，拓展生物物种科普教育、宣传引导形式，充分调动社会各界对生物多样性保护的关注度、知晓度、参与度。

总之，有科技赋能的生物多样性保护工作，为全球实现生物多样性目标提供了有力的保障。

科技助推下的生态保护

从全球范围内的生态保护现状不难看出，当今社会已进入利用科技手段保护生态系统的新时代，科研工作者和科研团队通过科技的力量可以高效助推生态系统的恢复。例如，三北防护林建设、搭建生物多样性数据库平台、藏羚羊保护、候鸟迁徙、修建野生动物廊道等，都是科技运用的典范。

黑龙江境内的三北防护林（庄凯勋 拍摄）

三北防护林建设

1979 年 11 月 2 日，国务院下发通知，决定成立三北防护林建设领导小组，同时成立了国家林业部西北华北东北防护林建设局（现更名为国家林业和草原局西北华北东北防护林建设局）。自此，开始了长达 40 多年的三北防护林工程体系建设。

很多人并不知道，三北防护林体系工程从中期开始就得到了各种航天科技成果的强力支撑。事实上，三北防护林体系建设迅猛推进的几十年，也正是中国航天科技迅猛发展的几十年。我们树立了“东方红”卫星上天、载人航天、月球探测这“中国航天三大里程碑”，空间站正在建设，火星探测已经实施。如今，中国已经成为当之无愧的航天大国。

最先在三北防护林体系工程建设中发挥重要作用的航天科技成果，当属卫星。经过 60 多年的发展，卫星技术已经成为现代人类生产生活须臾不能分离的重要支撑，而中国的卫星技术，无论是遥感星、导航星，还是无人机系统，都已经后来居上，成为中国林业规模化发展的重要手段：

遥感星就像是俯瞰大地的“千里眼”。例如，2013 年 4 月 26 日，国家高分辨率对地观测系统重大专项天基系统中的首发星“高分一号”卫星，从酒泉卫星发射中心成功发射入轨。随即，国家林业局借助“高分一号”，先后开展了森林资源调查、湿地监测、荒漠化监测、生态工程监测、森林灾害监测等方面的一系列林业

“高分一号”卫星

研究和应用示范，包括在黑龙江带岭地区进行的森林资源调查、在内蒙古浑善达克沙地西区域进行的沙化土地遥感分类识别、在重庆市云阳县上坝乡进行的林业生态工程地块分布和森林地块分布监测、在河北廊坊地区进行的食叶害虫引起的林木失叶率监测、在四川省雅江等地进行的森林火灾情况监测识别等。此后，“吉林林业一号”“高分五号”“高分六号”卫星先后发射成功，以及“高分辨率遥感林业应用技术与服务平台”的建设等，都为当前森林资源调查、湿地监测、荒漠化监测、林业生态工程监测、森林灾害监测等林业调查、监测业务的发展，以及高分辨率遥感海量数据处理等与生态相关的工作提供了便利。

导航星被喻为精准定位的“指南针”，它可以精准定位某块区域、某类树种、某个重要灾害防治点等，可以做到及时监控、随时处置。北斗卫星导航系统是我国自行研制、独立运行的全球卫星定位与通信系统（简称 BDS），也是继美国全球卫星定位导航系统（简称 GPS）、俄罗斯全球卫星定位导航系统（简称 GLONASS）之后，全世界第三个成熟的卫星导航系统。目前，北斗系统已实现全球组网，广泛应用在智慧城市、交通运输、公共安全、农业、渔业、林业草原、防灾减灾等多个行业，产生了显著的经济、社会效益。作为应用北斗卫星导航系统较早的行业之一，林业草原领域的林业工程测绘、林区面积测算、林业地区界线测定、木材量估算、森林湿地等自然生态系统的监测与管护、森林草原灾害预警、护林员野外巡林等工作，都得到了北斗系统的强力支持。

赴汤蹈火的“特种兵”——无人机，能够对现场情况进行跟拍、追踪，是对遥感卫星高空观测情况的重要补充，在生态保护、森林病虫害监测、造林面积核查、林业执法管理，以及至关重要的森林火灾监测防治等方面都能看到无人机的运用。

其实，在卫星技术日趋成熟稳定的今天，对卫星技术的应用探索早已成为我国林业草原领域的一项日常工作，更是无数林业科技工作者的主攻方向；借助现代卫星、计算机等各种先进技术实现的“智慧林业”“数字林业”，正在我国很多地方成为现实。

另外，新的生物技术也被运用到三北防护林建设中。如果说卫星遥感、导航定位等技术对林业草原行业乃至绿色中国建设是

“居高临下”地发挥作用，那么作为中国航天科技重要内容的航天育种科技，则是先“由下而上”，再“由上而下”地发挥作用，并做出贡献。

植物种子凭借航天技术到太空中遨游一番，就会发生人们所盼望的显著变化。太空相对地球而言是个特殊的环境：真空程度极高、温度相对很低、周围又极其洁净等，还有更重要、更明显、更关键的特点，就是密集而强大、带电而高能的宇宙射线。生物在这个环境中，DNA上的某个或某几个基因片段可能移位、转向、脱落了，就有可能使细胞发布的指令出现重大改变，产生意想不到的基因变异。太空种子的基因突变率在5/1000，而地球环境下的自然突变只有1/200000，有了这些高突变率的太空种子，育种专家们就可以缩短育种研究过程，从中挑选出对自然生态及人类有益的好的基因突变种子。例如育种专家挑选那些抗性强的太空种子推广种植，可以大幅减少化肥和农药的使用，进而减少其对农作物及生态环境的污染。

搭建生物多样性数据库平台

以往，对于植物类别的统计工作都是借助科研人员的实地调查、统计，完成对某一区域植被情况的综合调研。20世纪80年代，第一张植被图出现；2001年，诞生了《中国植被图集》和《植被区划图》等图书。通过这些相对来说较为全面、专业的书籍，人们可以更具体地了解我国的植物种类及分布情况。

随着大数据时代的开始，信息技术的发展赋予这个时代的变化是日新月异的，为各行各业的发展提供了更加系统、全面的平台支撑，也为科研工作者开展更加专业的科研项目提供了跨学科的技术支撑。在大数据信息化的今天，中国的生物多样性科学研究在近几十年间迅猛发展，内容包括从生物多样性基础研究，到濒危野生动植物的保护工作，以及在强大的互联网加持下进行的大数据生物多样性监测。

2011 年，国家生态环境部启动了中国生物多样性观测网络（China-BON）项目，它现在有 4 个子网络：哺乳动物、鸟类、两栖动物、蝴蝶。

2013 年，中科院启动了中国生物多样性监测与研究网络（Sino-BON），进行生物多样性科研监测工作。它由 10 个子网络组成，包括 3 个植物多样性子网络（中国森林生物多样性监测网络、草原和沙漠网络、森林冠层网络），6 个动物多样性子网络（兽类、鸟类、两栖爬行类、内陆水体鱼类、昆虫、土壤动物），1 个土壤微生物多样性子网络。通过这 10 个子网络之间的合作，监测物种和生态系统的动态和多重营养相互作用。其中，仅森林生物多样性监测网络就建立了 23 个森林动态监测区，每个区域面积约为 20 公顷，覆盖从北方到热带的森林，这些区域监测 1893 种木本植物和超过 269 万株树木。

2018年，中科院又启动地球数据大科学工程（CASEarth）项目。该项目的关键要素之一是整合现有的、多元化的生物多样性信息，供学术界、决策者、保护工作者和大众能随时随地综合使用这些信息来达到全面决策、研究等目的。

截至2021年，全国生物多样性数据库平台已有几十个，其中最为重要的就是中国国家标本资源共享平台（NSII）。平台记录了中国物种的历史和当前分布，包括多个子平台，如中国数字植物标本馆、国家动物标本资源库、教学标本资源共享平台、自然保护区标本资源共享平台等。平台的物种名录和数字化的标本提供了关于生物名称、分类关系和分布的基本信息，并在了解物种起源、进化和生物多样性保护方面发挥了重要作用。

国家标本资源共享平台网站主页

藏羚羊保护

还记得2008年北京奥运会上的5个福娃吉祥物吗？这些吉

祥物一起传递着北京奥运会以人为本、人与动物自然和谐相处的天人合一的理念，其中福娃“迎迎”的设计原型是一只来自青藏高原的特有保护动物——机敏灵活、驰骋如飞的藏羚羊。它是绿色奥运理念的表达，体现了“更高、更快、更强”的奥运精神，高原精灵藏羚羊也因此深入人心。可人们对藏羚羊和这一物种的科学保护又了解多少呢?

藏羚羊是青藏高原的旗舰物种，在历史纪录中，藏羚羊的数量曾达到百万只之多。20世纪八九十年代，由于国际市场上对藏羚羊羊绒制作的“沙图什”披肩的需求量越来越大，使得藏羚

高原精灵藏羚羊（杨东东 拍摄）

羊遭遇大量偷猎。据统计，1995年全西藏只剩5万多只藏羚羊。除此之外，人类活动范围及牧场扩大和各种工程设施建设，不仅使生态环境遭到破坏，更导致藏羚羊的活动和迁徙受到阻隔，进一步导致其种群规模急速下降。20世纪90年代藏羚羊被列为濒危物种，其保护工作才引起社会各界的高度关注，对于藏羚羊这一物种的保护也迫在眉睫。

多年来，国内外的许多科研团队开展了相关研究，包括藏羚羊动物行为学、遗传资源多样性等方面，为进一步科学、全面地保护藏羚羊提供了坚实的理论依据。

随着保护力度的加强，在建立多个自然保护区、开展国际合作遏制终端消费市场、推进各项藏羚羊种群遗传资源及种群保护科学研究后，藏羚羊的种群数量得到恢复。据统计，2020年，我国藏羚羊的数量已近30万只，其种群保护工程获得喜人的成果。科考监测结果发现，根据主要的栖息地，可将藏羚羊分成西藏羌塘、青海可可西里、青海三江源和新疆阿尔金山4个大的地理种群。

迁徙是藏羚羊周期性、长距离的往返运动，每年夏天，浩浩荡荡的藏羚羊队伍经过长达1个月左右的迁徙，到达气候适宜、地形平缓、水草丰富的地方产仔。但藏羚羊迁徙所经过区域的自然条件极其恶劣，加大了人为对其跟踪监测研究的难度，也使对于藏羚羊迁徙这一行为的系统研究更为困难。多年来，

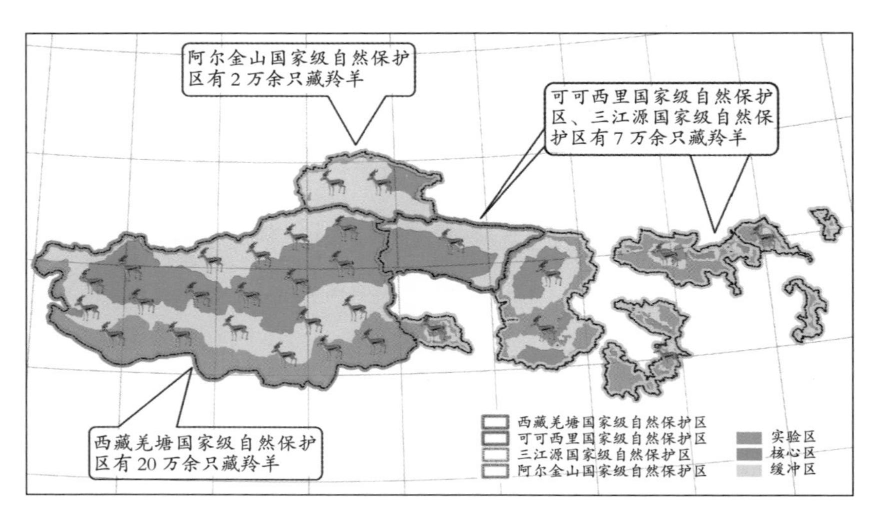

藏羚羊保护区分布图

科研工作者们不畏艰苦的高寒环境，对藏羚羊种群进行了动态和定点观察。

随着科技的发展，对藏羚羊迁徙行为的跟踪监测不再是难事了。

工欲善其事，必先利其器：红外相机、卫星跟踪、无人机监测等一系列高新技术被运用到生物学研究中，不仅提高了原有观测方法，得出数据的完整度和准确度也显著提高，还极大地提高了科研工作者们在高海拔无人区开展科学考察的安全性。

更值得一提的是，北斗卫星导航系统在藏羚羊种群迁徙行为及潜在调控机制研究中的应用。科研工作者给藏羚羊佩戴上定制的北斗卫星项圈，其定位数据具有全天候、高精度、无盲区的特点，藏羚羊每天运动的轨迹及距离信号都会被发送至卫星，卫星上的

佩戴项圈后奔跑的藏羚羊（吴晓民 拍摄）

传感器接收到卫星项圈发射的信号后，传送给地面接收站处理中心，经计算机处理后，得出跟踪对象所在地点的经纬度、海拔高度等数据，最后，研究者可以根据这些数据进一步分析和研究。

除此之外，基于这些科研监测数据，野生动物保护管理部门也能对藏羚羊的栖息地及迁徙路线加强管理，通过禁牧等手段来避免家畜及人为活动因素对藏羚羊种群繁殖的影响，从而保护其种群规模。

藏羚羊这一物种的成功保护，可以为其他濒危动物栖息地的划分及保护制定科学、规范、全面的管理措施提供理论依据。同时，其他濒危物种的保护工作也可以借鉴北斗卫星导航系统运用在藏羚羊保护上的经验。

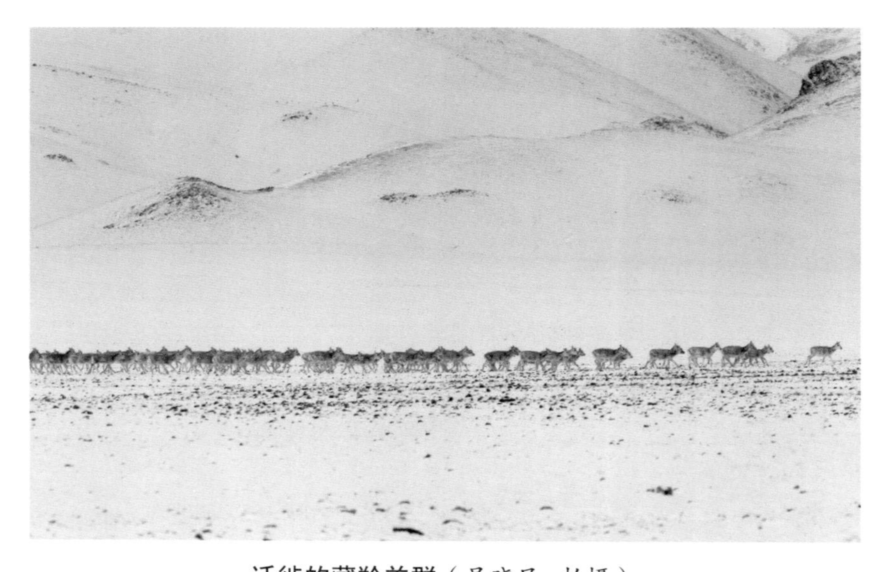

迁徙的藏羚羊群（吴晓民 拍摄）

（上图）由头羊带领下的母羊羊群去往产仔地。

（下图）藏羚羊产仔归来返回越冬地的迁徙群，母羊旁边多了许多小羊。

候鸟迁徙

美国的加利福尼亚州地处“太平洋候鸟迁飞路线”的关键节点，每年都有数以百万计的迁徙水鸟在此地中转。

鹬和鸻每年都会由美国阿拉斯加和加拿大的夏季繁殖地迁飞至中南美洲的冬栖地，途中会在美国加利福尼亚州中央山谷的湿地和森林中停歇，并为接下来的长途飞行补充所需能量。它们的停驻，为这里的土壤和农田带来了丰富的营养，并成为食物链中的一环，在当地的生态系统中发挥着重要功能。同时，形态各异的鸟类吸引了大量的观鸟和狩猎的人，也为这里带来了数十亿美元的经济收入。

在过去数十年中，美国农业部在农田系统开展了水鸟栖息地提升项目，帮助农民进行“候鸟友好”的稻田管理实践。为了加速这一进程并扩大规模，2014 年，大自然保护协会启动了“候鸟归家项目”，创新性地提出了鸟类与农民共享稻田的方案：协会邀请当地农民提交短期租借稻田的出价标书，时间可以是 4 周、6 周或 8 周。农民自行定价，协会从中选出最合适的地，将其租下作为候鸟迁徙的中转站，帮助迁徙的候鸟；候鸟们可以与农民共享稻田作为临时湿地栖息地，积蓄体力来完成长途迁徙。

康奈尔鸟类实验室和保护组织合作，收集来自全国观鸟人士的鸟类实地观测数据，结合陆地卫星及美国国家航空航天局

（NASA）的卫星遥感影像资料，通过计算机模型进行分析，计算出候鸟的飞行数据。研究结果不仅能够了解鸟类在春秋两季迁徙途中的具体聚集区域，帮助“候鸟归家项目”识别可供候鸟觅食的关键地点，还可以估算出迁徙候鸟的数量。

自 2014 年以来，“候鸟归家项目”已为鸟类创造了超过 160 平方千米的短期栖息地。通过增加田中的水量，或是放慢排

红碱淖湿地白琵鹭春季迁徙（汪青雄 拍摄）

水的速度，萨克拉门托山谷成为一个“棋盘式”的人工湿地，为候鸟们创造了更多不同类型的栖息地。2014 年春天，该团队对参与农地以及无水的管控农地进行了调查。他们发现有 50 多种、超过 18 万只的候鸟“借用”了 40 平方千米的临时湿地。

这种做法，不仅为迁徙鸟类提供了临时栖息地，也节省了所需支付的费用，而且得到了当地农民的高度认可。一方面，在不对农耕带来负面影响的情况下，农民获得了一些额外收入；另一方面，这个项目也赋予了农民成就感，他们切实感到通过自身的参与改善了环境，而且促使当地稻业获得了长足发展。

为野生动物修路

随着社会经济的发展和人类活动范围的扩大，飞速发展的道路交通网络早已把原生态的自然环境切割得支离破碎。起初，人们并没有意识到这会给野生动物的生存带来威胁，直到 20 世纪 50 年代，欧美一些民间组织开始关注道路系统对野生动物的影响。

据统计，荷兰每年因公路交通事故导致 16 万只哺乳动物和 65 万只鸟类伤亡，澳大利亚每年因公路交通事故导致 500 万只两栖类和爬行类动物伤亡，美国每年因公路交通事故导致 100 万只脊椎类动物伤亡，车祸更是导致美洲豹、灰熊等珍稀动物濒临灭绝的原因之一，全世界各国都面临着类似的问题。随着人类对野生动物保护意识的加强，“如何降低因道路交通而导致的野生动物伤亡数量”“如何为栖息地破碎的野生动物修建走廊”等生物多样性保护廊道的建设问题，在道路建设中成为需要重点关注的问题。

廊道作为物种生活、移动或迁移的重要通道，可以促进和维持孤立栖息地之间的生境连接，使物种能通过廊道，在破碎化生境之间自由扩散、迁徙，增加物种基因交流，防止种群隔离，维持最小种群数量并保护生物多样性。

野外观测是廊道构建的研究基础，以前研究者通过记录、监测野生动物使用栅栏、植被带及森林的线性遗迹来判断动物的迁徙廊道。随着监测技术的发展，遥感遥测、标记释放回捕、远程视频监控等方法用于实证研究中，实现了实时跟踪个体及群体的运动路径，定量获得包含生物行为特征的直接数据。

随着分布式计算、嵌入式模型及地理信息技术的发展，将不同的廊道构建理论与计算机技术相结合，大量廊道构建模型工具被开发和广泛应用，并集成综合模型实现目标物种廊道的构建、保护和管理。

值得庆幸的是，随着环境保护意识的提高及科技的支持，人们在基础建设过程中，越来越注重与野生动物和谐相处的关系，并身体力行寻求解决方案，修建野生动物通道。

荷兰是世界上第一批在公路上修建野生动物通道的国家，如今，荷兰境内已拥有 600 多个野生动物通道，保障了野猪、马鹿

荷兰高速公路上修建的野生动物通道（吴晓民 拍摄）

及濒危欧洲獾的迁徙安全。荷兰在高速公路建设中，对野生动物生境影响的补偿进行了系统研究，并在 A50 高速公路上进行了长期实践。

1986 年，在加拿大高速公路班夫段 45 千米的路段上，建设了 11 处下穿式野生动物通道，增强栖息地的连通性，减少了动物的道路死亡率。1997 年，在原有通道的基础上，又增建了 11 处下穿式隧道和 2 处路上通道以便于动物通行。

2000 年春季，美国设计的第一个沙漏状上行式野生动物通道开始使用。这个通道的设计目的是为了满足狍子和驼鹿的通行，通道中间宽 16 米，两端出口宽 21 米，跨度为 60 米。

中国在这一领域起步虽然较晚，但发展速度却很快，国家将生态文明建设的理念贯彻进建设发展的方方面面，我们也欣喜地看到了一些成果。

2004 年 12 月，河南驻马店至信阳高速公路南段通车，途径董寨国家级自然保护区，长达 27 千米，这里有白冠长尾雉、金钱豹、大灵猫、水獭等国家重点保护野生动物，公路建设者为此设置了数个特殊的野生动物专用走廊。这是我国首次基于保护野生动物而专门设置的动物走廊，在野生动物保护方面走在了全国前列。

2006 年 4 月 6 日，云南思茅至西双版纳小勐养的高速公路通车。该公路是中国第一条穿越国家级热带雨林自然保护区的高速公路，公路建设者在大象频繁出没的“野象谷”等地，顺山势修建了大象专用通道，同时还特意将高架桥的桥梁高度提升了 8 ~ 15 米，以利于大象通过。不仅如此，交通管理部门还在高速公路大象通道旁边竖起“大象通道，请勿鸣笛”的温馨提示牌。

2006 年，青藏铁路格尔木至拉萨段建成通车。为了保护藏羚羊、藏野驴、藏原羚等高原野生动物，修建了 33 处野生动物通道，包括青海境内 25 处、西藏自治区境内 8 处，通道长度总计 60 千米。其中，桥梁下方通道 13 处，缓坡平交通道 7 处，桥梁缓坡复合型通道 10 处，桥梁隧道复合型通道 3 处。

京新高速公路穿越了我国生态环境极为脆弱的干旱、半干旱区域——蒙新高原区，这片区域生活着我国大量的特有种群，如

藏羚羊正在通过青藏铁路野生动物通道（吴晓民 拍摄）

鹅喉羚、野驴、狐、荒漠猫、狼等，它们的活动能力较强，且生性机敏。为了降低高速公路建设对野生动物栖息地造成的破坏和切割，减缓对野生动物活动和迁徙的影响，该工程共设计 92 处野生动物通道，包括新建通道 7 处，其中内蒙古段 63 处、甘肃段 16 处、新疆段 13 处。

（北）京新（疆）高速公路下的野生动物通道（吴晓民 拍摄）

这些野生动物廊道的修建，采用了大量高新技术手段。未来，科技在生物多样性保护方面的运用会越来越多，会给保护生物多样性工作提供更多的便利，也会为建设生态文明提供技术保障。

第十章　守望家园

——生物多样性保护我们在行动

人类与地球上的一切生命体共同享有平等的生存资源。这个蓝色星球上的所有生命，也必须被赋予平等地活着的权利。美好的家园只有一个，破坏后带来的连锁反应，往往需要付出更大的代价去承受。我们呼吁，每一个人都自发地去守护我们赖以生存的家园，守护它的美好，守护它的未来。

山川异域，风月同天

我们生活在同一个地球村，每个国家都不是一座孤岛，随着国际交往的深入，“地球村民们”更加密切地关联在一起，保护生物多样性更被看作是全球性主旨和共同目标。也正因此，生物多样性保护需要上升到为全人类谋福祉的高度，是一个需要具有高度责任感才能被顺利推进的“大工程”。

党的十八大以来，习近平总书记无论是外出调研，还是参加中共中央政治局的集体学习，或是在国际论坛及峰会上发表讲话，都一再强调生态文明建设的重要性，他所提出的生态文明建设理念已经深入人心。同时，总书记也指出，保护生态环境、应对气候变化、维护能源安全是全球所要面临的共同挑战，中国将继续承担应尽的国际义务，同世界各国深入开展生态文明领域的交流合作，推动成果分享，携手共建生态良好的地球美好家园。

2015 年 12 月 3 日，习近平总书记在考察津巴布韦野生动物救助基地时的讲话中提出：“中国高度重视野生动物保护事业，加强野生动物栖息地保护和拯救繁育工作，严厉打击野生动物及象牙等动物产品非法贸易，取得显著成效。中国加强宣传教育，民间团体等也积极参与此项工作，中国野生动物保护事业的群众基础不断扩大。同时，中国认真履行野生动物保护国际义务，积极参与野生动物保护国际合作。”

2017 年 1 月 18 日，习近平总书记出席“共商共筑人类命运共同体”高级别会议。他在发表的主旨演讲中提出：“我们应该遵循天人合一、道法自然的理念，寻求永续发展之路。要倡导绿色、低碳、循环、可持续的生产生活方式，平衡推进 2030 年可持续发展议程，不断开拓生产发展、生活富裕、生态良好的文明发展道路。”

2020 年 9 月 30 日，习近平主席在联合国生物多样性峰会上通过视频发表重要讲话。他强调，要站在对人类文明负责的高度，探索人与自然和谐共生之路，凝聚全球治理合力，提升全球环境治理水平。中国将秉持人类命运共同体理念，继续为全球环境治理贡献力量。明确提出开启人类高质量发展新征程的重大主张，并郑重宣布我国将持续推进生态文明建设的务实举措，充分体现了大国领袖的世界视野和天下情怀，充分彰显了我国作为全球生态文明建设参与者、贡献者、引领者的积极作为和历史担当。

2021 年 10 月 11 ~ 15 日，《生物多样性公约》第十五次缔约方大会（COP15）第一阶段会议在我国昆明召开。大会主题为“生态文明：共建地球生命共同体”，来自 140 多个缔约方及 30 多个国际机构和组织共计 5000 余位代表通过线上线下结合方式参加了大会。10 月 12 日，习近平主席以视频方式出席在昆明举行的《生物多样性公约》第十五次缔约方大会领导人峰会，并发表主旨讲话。

尊敬的各位同事，

女士们，先生们，朋友们：

大家好！

很高兴同大家以视频方式相聚昆明，共同出席《生物多样性公约》第十五次缔约方大会。我谨代表中国政府和中国人民，并以我个人的名义，对各位嘉宾表示热烈的欢迎！

“万物各得其和以生，各得其养以成。”生物多样性使地球充满生机，也是人类生存和发展的基础。保护生物多样性有助于维护地球家园，促进人类可持续发展。

昆明大会以“生态文明：共建地球生命共同体”为主题，推动制定“2020 年后全球生物多样性框架”，为未来全球生物多样性保护设定目标、明确路径，具有重要意义。国际社会要加强合作，心往一处想、劲往一处使，共建地球生命共同体。

人与自然应和谐共生。当人类友好保护自然时，自然的回报是慷慨的；当人类粗暴掠夺自然时，自然的惩罚也是无情的。我们要深怀对自然的敬畏之心，尊重自然、顺应自然、保护自然，构建人与自然和谐共生的地球家园。

绿水青山就是金山银山。良好生态环境既是自然财富，也是经济财富，关系经济社会发展潜力和后劲。我们要加快形成绿色发展方式，促进经济发展和环境保护双赢，构建经济与环境协同共进的地球家园。

新冠肺炎疫情给全球发展蒙上阴影，推进联合国2030年可持续发展议程面临更大挑战。面对恢复经济和保护环境的双重任务，发展中国家更需要帮助和支持。我们要加强团结、共克时艰，让发展成果、良好生态更多更公平惠及各国人民，构建世界各国共同发展的地球家园。

我们处在一个充满挑战，也充满希望的时代。行而不辍，未来可期。为了我们共同的未来，我们要携手同行，开启人类高质量发展新征程。

第一，以生态文明建设为引领，协调人与自然关系。我们要解决好工业文明带来的矛盾，把人类活动限制在生态环境能够承受的限度内，对山水林田湖草沙进行一体化保护和系统治理。

第二，以绿色转型为驱动，助力全球可持续发展。我们要建立绿色低碳循环经济体系，把生态优势转化为发展优势，使绿水青山产生巨大效益。我们要加强绿色国际合作，共享绿色发展成果。

第三，以人民福祉为中心，促进社会公平正义。我们要心系民众对美好生活的向往，实现保护环境、发展经济、创造就业、消除贫困等多面共赢，增强各国人民的获得感、幸福感、安全感。

第四，以国际法为基础，维护公平合理的国际治理体系。我们要践行真正的多边主义，有效遵守和实施国际规则，不能合则用、不合则弃。设立新的环境保护目标应该兼顾雄心和务实平衡，使全球环境治理体系更加公平合理。

各位同事！

中国生态文明建设取得了显著成效。前段时间，云南大象的北上及返回之旅，让我们看到了中国保护野生动物的成果。中国将持续推进生态文明建设，坚定不移贯彻创新、协调、绿色、开放、共享的新发展理念，建设美丽中国。

在此，我宣布，中国将率先出资15亿元人民币，成立昆明生物多样性基金，支持发展中国家生物多样性保护事业。中方呼吁并欢迎各方为基金出资。

为加强生物多样性保护，中国正加快构建以国家公园为主体的自然保护地体系，逐步把自然生态系统最重要、自然景观最独特、自然遗产最精华、生物多样性最富集的区域纳入国家公园体系。中国正式设立三江源、大熊猫、东北虎豹、海南热带雨林、武夷山等第一批国家公园，保护面积达23万平方千米，涵盖近30%的陆域国家重点保护野生动植物种类。同时，本着统筹就地保护与迁地保护相结合的原则，启动北京、广州等国家植物园体系建设。

为推动实现碳达峰、碳中和目标，中国将陆续发布重点领域和行业碳达峰实施方案和一系列支撑保障措施，构建起碳达峰、碳中和“1+N”政策体系。中国将持续推进产业结构和能源结构调整，大力发展可再生能源，在沙漠、戈壁、荒漠地区加快规划建设大型风电光伏基地项目，第一期装机容量约1亿千瓦的项目已于近期有序开工。

各位同事！

人不负青山，青山定不负人。生态文明是人类文明发展的历史趋势。让我们携起手来，秉持生态文明理念，站在为子孙后代负责的高度，共同构建地球生命共同体，共同建设清洁美丽的世界！

《昆明宣言》是此次大会的标志性成果。《昆明宣言》释放出全力加强生物多样性保护的积极信号，使人与自然和谐共生的美好愿景愈加清晰。

2020年联合国生物多样性大会
（第一阶段）
高级别会议昆明宣言
生态文明：共建地球生命共同体

我们，部长和其他代表团团长，在联合国生物多样性大会召开之际，应中华人民共和国政府的邀请，于2021年10月12至13日在中华人民共和国云南省昆明市现场和远程会晤。

回顾与“人与自然和谐共生”的2050年生物多样性愿景的

关联，

回顾《联合国2030年可持续发展议程》，并认识到要实现《生物多样性公约》的各项目标和2050年生物多样性愿景，必须在环境、社会和经济维度全面实现该议程，

强调生物多样性及其提供的生态系统功能和服务为地球上所有形式的生命提供支持，巩固人类和地球的健康与福祉、促进经济增长和可持续发展，

关切生物多样性的持续丧失危及可持续发展目标和其他国际目标的实现，

认识到过去十年在《2011—2020年生物多样性战略计划》下取得了一定进展，但令人深切担忧的是这些进展不足以实现爱知生物多样性目标，

深切地认识到生物多样性丧失、气候变化、土地退化和荒漠化、海洋退化和污染以及日益严峻的人类健康和粮食安全风险，这些前所未有和相互关联的危机对我们的社会、文化、繁荣和星球构成威胁，

认识到这些危机具有许多共同的潜在变化动因，

也认识到生物多样性丧失的主要直接驱动因素是土地和海洋利用变化、过度开发、气候变化、污染和外来入侵物种，

认识到土著人民和地方社区通过运用传统知识、创新和做法，以及他们对传统土地和领地上的生物多样性的管理，为保护和可

持续利用生物多样性做出贡献，

也认识到妇女和女孩以及青年所发挥的重要作用，

为此，强调需要在所有经济部门和全社会采取紧急和综合行动以实现转型变革，通过各级政府之间的一致政策，以及在国家层面实现相关公约和多边组织的协同增效，为自然和人类塑造一条未来之路，在这条路上，生物多样性得到保护和可持续利用，利用遗传资源所产生的惠益得到公平和公正的分享，成为可持续发展不可或缺的部分，

注意到需要采取组合措施来遏制和扭转生物多样性丧失，包括采取行动解决土地和海洋利用变化，加强生态系统的保护和恢复、减缓气候变化、减少污染、控制外来入侵物种和防止过度开发，以及采取行动变革经济和金融体系，确保可持续生产和消费、减少浪费，认识到任何单一措施或这些措施的部分组合都是不够的，每项措施的效力都因另一项措施而增强，

注意到诸多国家呼吁，到 2030 年通过采取连通性良好的保护地体系和其他有效的区域保护措施，以保护和养护 30% 的陆地和海洋面积，

重申《关于将保护和可持续利用生物多样性纳入主流以促进福祉的坎昆宣言》和《关于为人类和地球投资生物多样性的沙姆沙伊赫宣言》，

回顾 2020 年 9 月召开的主题为“采取生物多样性紧急行动，

促进可持续发展”的联合国生物多样性峰会，

注意到2020年联合国生物多样性大会的主题：“生态文明：共建地球生命共同体”，

我们宣告，使生物多样性走上恢复之路是本十年的一个决定性挑战，在联合国可持续发展行动十年、联合国生态系统恢复十年和联合国海洋科学促进可持续发展十年的背景下，需要强大的政治动力来制定、通过和实施一项兼具雄心和变革性的、能够平衡推进《生物多样性公约》三大目标的“2020年后全球生物多样性框架”，

我们承诺：

1. 确保制定、通过和实施一个有效的“2020年后全球生物多样性框架”，包括提供与《生物多样性公约》一致的必要的实施手段，以及适当的监测、报告和审查机制，以扭转当前生物多样性丧失趋势并确保最迟在2030年使生物多样性走上恢复之路，进而全面实现“人与自然和谐共生”的2050年愿景；

2. 视情支持制定、通过和实施有效的《卡塔赫纳生物安全议定书》2020年后执行计划和能力建设行动计划；

3. 各国政府继续合作推动将保护和可持续利用生物多样性纳入或“主流化”到决策之中，包括将生物多样性的多元价值纳入政策、法规、规划进程、减贫战略和经济核算中，并加强生物多样性跨部门协调机制；

4. 加快并加强制定、更新国家生物多样性保护战略与行动计划，确保“2020年后全球生物多样性框架”在国家层面的有效实施；

5. 加强和建立有效的保护地体系，采取其他有效的区域保护措施和空间规划工具，提高区域保护与管理的有效性并在全球扩大保护范围，以保护物种和基因多样性，减少或消除对生物多样性的威胁，认识到土著人民和地方社区的权利并确保他们充分有效参与；

6. 加强生物多样性的可持续利用以满足人们的需求；

7. 积极完善全球环境法律框架，加强国家层面的环境法及其执法力度，以保护生物多样性并打击其非法利用，在采取行动保护生物多样性时尊重、保护和促进人权义务；

8. 加快努力，在考虑到遗传资源数字序列信息的背景下，通过《生物多样性公约》《名古屋议定书》和其他适当协议，确保公平公正地分享由利用遗传资源，包括与遗传资源相关传统知识所产生的惠益；

9. 视情加强相关生物技术的开发、评估、监管、管理和转让的措施及其实施，以提升惠益并减少风险，包括与使用和释放可能对环境产生不利影响的改性活生物体相关的风险；

10. 增加生态系统方法的运用，以解决生物多样性丧失、恢复退化生态系统、增强复原力、减缓和适应气候变化、支持可持续粮食生产、促进健康，并为应对其他挑战做出贡献，加强“一体化健康”和其他全面的方法，通过强有力的环境和社会保障措施，确保可持续发展在经济、社会和环境方面的效益，强调这些生态系统方法不能取代符合《巴黎协定》的紧急减少温室气体排放所需的优先行动；

11. 加大行动力度，减少人类活动对海洋的负面影响，保护海洋和沿海生物多样性，增强海洋和沿海生态系统对气候变化的韧性；

12. 确保新冠肺炎疫情大流行后的恢复政策、规划和计划有助于生物多样性保护和可持续利用，促进可持续和包容性发展；

13. 与财政、经济和其他相关部门合作，改革激励机制，消除、逐步取消或改革对生物多样性有害的补贴和其他激励措施，同时保护弱势群体，从所有来源调动更多的财政资源，并协调所有资金流以支持生物多样性保护和可持续利用；

14. 增加为发展中国家提供实施“2020年后全球生物多样性框架”所需的资金、技术和能力建设支持，并与《生物多样性公约》的规定保持一致；

15. 使土著人民和地方社区、妇女、青年、民间团体、地方政府和机关、学术界、商业和金融部门以及其他相关利益攸关方能够充分和有效地参与，并鼓励他们在“沙姆沙伊赫到昆明”人与自然行动议程的背景下作出自愿承诺，并继续为“2020年后全球生物多样性框架”的实施营造势头；

16. 进一步开发关于生物多样性宣传、教育和公众意识的工具，以支持向保护和可持续利用生物多样性行为的转变；

17. 进一步加强与《联合国气候变化框架公约》《联合国防治荒漠化公约》和生物多样性相关公约等现有多边环境协定，以及和 2030 年可持续发展议程及相关国际和多边进程的合作与协调行动，以推动陆地、淡水和海洋生物多样性的保护、保育、可持续管理和恢复，同时，为其他与 2030 年可持续发展议程协同一致的可持续发展目标做出贡献。

【本宣言将提交联合国大会、2022 年可持续发展高级别政治论坛和第五届联合国环境大会第二阶段会议】

《昆明宣言》最初由中方提出，在高级别会议上集体通过。中方本着开放、透明、包容的态度，各国提出了很多建设性的意见和建议，使宣言的内容更加充实和完善，体现了各国共同采取行动、遏制和扭转生物多样性丧失趋势的强烈意愿。《昆明宣言》制定的背景是全球寻求未来 10 年生物多样性保护的治理体系，体现了 196 个缔约方寻求最大共识，也体现了中国智慧、中国贡献。

生态兴，则文明兴

生态文明是人类社会进步的重大成果。人类历经了原始文明、农业文明、工业文明，而生态文明是工业文明发展到一定阶段的产物，是实现人与自然和谐发展的新要求。

生态文明是中国政府明确的国家治理战略，旨在优先保护和恢复中国的生物多样性，它包括生态红线政策的制定和实施、以国家公园为中心的保护区系统的建设，以及对野生动物贸易和消费的永久禁令的实施。

生态文明建设已经被纳入中国特色社会主义事业总体布局，生态文明建设的战略地位也进一步被明确。这些年来，中国一直从各方面、各角度为生物多样性保护承担着大国的责任，也为此投入很大。生物多样性保护、生态文明建设的脚步也在不断向前迈进。生态文明建设具有重要意义，建设生态文明是中国共产党领导的中国人民向全人类做出的郑重承诺，将可持续发展提升到绿色发展的高度，保护我们赖以生存的家园，保护生物多样性，为后人“乘凉”而“种树”，留下更多的生态资产，造福子孙后代。

为建设生态文明，中国提出了自己的方案：坚持绿水青山就是金山银山理念，促进低碳和绿色发展的有机统一。

要贯彻创新、协调、绿色、开放、共享的发展理念，加快形成节约资源和保护环境的空间格局。保护环境就是保护生产力，改善环境就是发展生产力。在生态环境保护上，必须要树立大局观，要具备整体意识，不能因小失大、顾此失彼。节约资源和保护环境都是基本国策，要像对待生命一样对待生态环境，还自然以宁静、和谐、美丽。统筹山水林田湖草系统治理，实行最严格

被绿色覆盖的山西吕梁（绿水青山就是金山银山）

的生态环境保护制度，形成绿色发展方式和生活方式，为维护全球生态安全做出贡献。

建设绿色家园是人类的共同梦想。要着力推进国土绿化、建设美丽中国，还要通过“一带一路”等多边合作机制，互助合作，开展造林绿化，共同改善环境，积极应对气候变化等全球性生态挑战。

为实现这一目标，社会大众需要树立生态文明的意识，形成推动生态文明建设的共识和合力。生态文明建设同每个人息息相

关，每个人都应该做践行者、推动者。要强化公民环境保护意识，倡导勤俭节约、绿色低碳出行，推广节能、节水用品和绿色环保家具、建材等。加强生态文明宣传教育，在全社会牢固树立生态文明理念，形成全社会共同参与的良好风尚。

蓝色星球，绿色家园

至此，这部书已接近尾声。

我们的地球距今已有45.5亿年的历史，在这片蔚蓝的星球上生活着我们的祖祖辈辈，也将生活着我们的子孙后代。保护生物多样性的意义就在于保护生物多样性带给我们的价值，小到基本生活的保障，大到精神世界的富足。

回顾种种，所有生物的命运都是紧紧联系在一起的。保护我们赖以生存的家园，尊重每一个生命存在的意义，敬畏自然、顺应自然、保护自然，是我们每一个人都应该去践行的；同时，对自然万物常怀感恩之心，感恩大自然馈赠给人类的一切生活保障和条件，我们才能有追求梦想和实现自我价值的基础。

本书的目的是要唤醒人们对生物多样性、对绿色家园保护的意识。我们是地球生命的见证者和参与者，我们对已经灭绝的物种只有叹息，也无力挽回。就在您阅读本书的此刻，地球上的某一个角落就正在上演着物种消逝的悲剧。我们必须从现在开始，正视问题，开始行动，守护我们身边的一切。

地球上所有的生命都共同享有美好的未来。

生物多样性保护，需要我们每一个人都付诸行动。

独一无二的家园，需要每一个人的守望相助。

守望家园，生物多样性保护我们在行动。